从塞纳河到清华园

钢笔线描旅行手记

刘威 著/绘

人民邮电出版社
北京

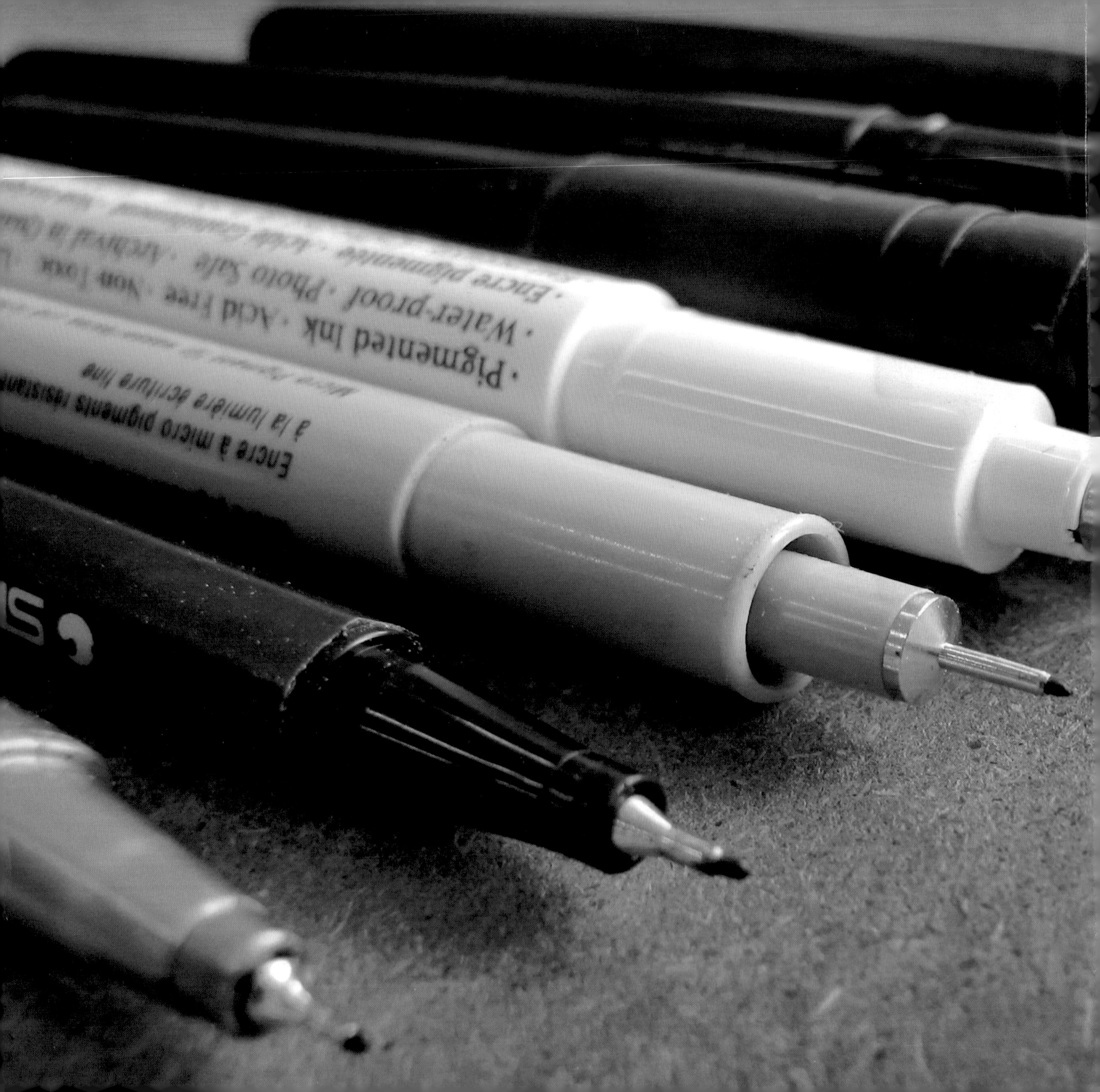
· Pigmented Ink · Acid Free
· Water-proof · Photo Safe
Encre à micro pigments résistants
à la lumière écriture fine

善于发现各种便于画线描的笔、纸、本，永远把它们带在身边。

我的工具包

rotring
Germany 1928
ArtPen Ink
x6
rotring
Germany 1928
ArtPen Ink
x6
rotring ArtPen
rotring ArtPen
COPIC MULTILINER
0.3
MICRON 02
FOR DRAWING
0.3
Graphic Art Liner
0.30mm
monami PlusPen 3000
Schmincke

写在前面

Foreword

父亲说我三岁去农村的姑姑家玩时，就在炕上拿笔乱涂乱画了，这是遗传了父亲与姑姑都爱画画这一点。到了小学，我更是没少因为在课堂上太过“专心”画画而被老师扔粉笔头，初中时我终于发挥特长当上了美术课代表。已不记得我是什么时间开始到户外写生的，小学？初中？只记得很小时就去北陵（清昭陵）公园里面画松树，身后会围着好多人看！公园里都是清代的皇家建筑，大红的高墙、金色的琉璃、五彩的纹饰……我喜欢古建筑可能就是从那时开始的。

记得大二时到青岛去写生，开始几天多数画的是色彩风景，直到看见八大关的一栋栋老房子，用钢笔勾勒了几张花石楼的建筑速写，才强烈感受到线条的魅力，遂开始对钢笔建筑画痴迷。

美院的学习主要靠自学，那时我就迷上了意大利文艺复兴“美术三杰”之一的达·芬奇的作品，对大师的铅笔素描、钢笔线描甚是推崇，天才达·芬奇是我的偶像，心中的神。2016 年 10 月参观清华艺术博物馆的“对话达·芬奇”特展，我流连忘返，久久沉迷于他《大西洋手稿》中各种发明创造的手绘图稿，笔笔精致的线条充满万分智慧。另一位指引我的大师是美国建筑师赖特，他传奇的一生不但留给世人大量杰出的建筑，而且存世的钢笔建筑画更是入木三分、精彩绝伦！他那严谨的线条、精准的透视、唯美的构图，无一不深深影响着我，让我受用至今！

边走边画早已成为我旅途中的习惯，一路所见、所闻、所感都借助线条细细勾勒并在画纸上慢慢延展开来，或喜或忧，自从拿起画笔就从未放弃记录。

序一 Preface One

建筑画不仅是以建筑为主题的艺术创作，也是服务于设计实践的表达方式；既是设计师艺术修养的自然流露，也是极富创造力的专业素质的直观呈现。很多著名设计师的成长经历都伴随着建筑画的创作实践而展开，甚至有些设计师的建筑画创作表现水准与专业画家难分伯仲，实属可贵，刘威便是我所熟识的设计师中为数不多的典型。

刘威的设计作品风格成熟、领域集中，屡次获得全国专业大展的多项殊荣，他的手绘建筑画创作及方案表现作品更是个性鲜明、技法纯熟。重要的是，他所长期坚持的手绘建筑画创作并不仅仅停留在方案表现的层面，而是有效地结合了专业思考，甚至完美地融入了生活体验。他的手绘建筑画实践既有专业的理论依据作为支撑，又与项目经验和生活体验紧密结合，真正实现了“读万卷书”与“行万里路”的有机融合。在这些作品中不难看出，一位奋战在环境设计教育一线的优秀设计师的坚持，他以自身的理论与实践实现着人与环境协调统一的基本原则，创造出物质与精神并重的理想的空间环境，以此满足人们在生存、生活和发展的过程中对于环境的基本需求，实现美好向往。最终，这些理想成果凭借作者鲜明的创作个性和强烈的创造意识，物化为一幅幅生动的艺术作品。

这一次是他对自身专业设计历程的梳理、思索与探究，从专业基础到设计实践，从学科内涵到趋势探索，从艺术创作到生活体验，其中包含了他对设计思维、设计方法与设计表达等设计领域根本性与普遍性问题的本体性回归与本质性思考，不得不说这是对环境设计专业学科建设发展的重要贡献。

作为中国卓有成就的资深室内建筑师，同时又是高校环境设计专业的带头人，刘威凭借扎实深厚的专业基础、鲜明新颖的理论观点和丰富的实践经验，以二十年来的努力行动诠释了设计学科的本质内涵和教育事业的内在灵魂。

拥有活跃而又缜密的设计思维、直观而又纯熟的表现手法以及丰富的实践经验，是设计师的终极理想。作为曾经的师长、专业的同行和多年的益友，我衷心祝愿他在今后的专业教学、艺术实践和日常生活中获得更自由的表达与更完美的自我实现。

马克辛（鲁迅美术学院教授、中国美术家协会环境设计艺术委员会副主任）

序二

Preface Two

真实和幻象内在地规定了线描的基本蕴含，建筑的生命与精神被灵动的线条表现出来，足以使人无限开怀。

作为一名室内建筑师，同时也是艺术家的刘威教授，显然对大自然有着强烈的热爱，他在几十年的外出旅行中，积累了大量的手绘线描作品，这本集子就是选择其中的建筑部分整理出版的。不难看出，刘威老师在外出时总是笔不离手的，其所见、所闻、所思的灵感在笔下自然流淌，必将积少成多、汇聚成流……

画建筑既要求透视精准，又要求画外有音；既要表现客观景物，又要传达绘画者的主观思想。这些要素相互依存又相互束缚，很难把握。刘威善于运用线条来描绘建筑，这既能凸显建筑的骨骼和脉络，又能主观地提炼精华、去除糟粕，可谓去繁就简、化整为零。细细品读，画中微妙的线条不时释放出一种活力，充实了现实的物化世界。人生感悟、历史沉思和未来憧憬，都被描绘在了艺术家的精神世界里。从西方到东方，从传统到现代，建筑始终陪伴着人类社会不断演变、进化，刘威通过对中西方传统建筑的记录和描绘，对不同地域的文化精髓兼收并蓄，将其转化为艺术的自然流露，获得新的生命活力。

刘铁军（清华大学美术学院副教授、博士、硕士研究生导师）

序三 Preface Three

善于观察和发现是每一位设计师必须具备的能力，行走中的记录对于培养观察和发现能力有着重要的作用。行走中的设计师，始终会睁大一双求知的眼睛，他们的眼中是看不尽的风景。行走中观察、感受到的建筑之美能触动设计师的心灵，成为设计师创作不息的源泉。一个设计师经历过多少风雨，将会从他的作品里完整地展现出来。

设计师在行走中的记录，也造就了其眼光的独特性。这种独特性在于多视角的观察和感受建筑，使他在平凡的感受里融入更多的想象或推测。行走中的记录是一种思想的流淌，是一种语言的欢歌。尽管照相记录便捷、高效，但仍然有很多设计师喜欢用画笔记录行走中的所见所闻，从中不断感受一种抒发的快感，一种解脱的舒心，一种闪转腾挪的驾驭体验。绘画记录尽管缓慢，但也许正是这种缓慢能留下刻骨铭心的记忆，也让设计师的思维带有凝重、深刻的思维轨迹，并始终富有创作的活力。

刘威是众多设计师中的普通一员，同时也是一名高校教师，在行走中他选定用绘画记录所见的建筑。所到之处，他总会用画笔去描绘行程中所见到的风土人情，这是他发自内心的热爱，是一种自觉的行走方式。现场记录能带给他更深层次的思考、感受深切的关怀和作品深度的拓展，他一直把这种游历中的记录当作一件很快乐的事情。长期的行走写生也为刘威积累了丰富的生活经验和人生感悟，他深知一名设计师只有在生活的炼狱里磨炼自己才有可能拥有辉煌的明天，并从中体验生活，感受生命的意义。

刘威在行走中描绘的作品内容涵盖了传统的民居建筑、亭台楼阁以及古典建筑和现代楼房等，以设计师独特的视角、敏锐的观察力、严谨的态度表达他对建筑的理解和感受。他的作品尽管以快速表现的手法为常见，却细微到描绘建筑的每一个细节，他不但能把平铺直叙的建筑描绘得活泼生动，还能把平面的场景描述得富有清晰的层次感。他笔下的建筑线条洒脱、飘逸，结构严谨、形体准确，画面张弛有度、虚实得当，无论在造型刻画、表现形式还是视觉效果上都已经达到了较高的艺术水准，并形成了自己独特的风格。

衷心希望刘威能保持用这样的一种方式记录他的每一次行程，带着画笔继续前行在路上……

夏克梁（中国美术学院副教授、中国美术家协会会员、
《中国手绘》主编、“温莎·牛顿”国际品牌形象大使、南岱村荣誉村民）

目录

Contents

我的建筑线描笔迹

从我国原始社会遗留下来的艺术品来看，线描是人类造型艺术最为原始的一种表现手段。在魏晋时期，顾恺之所绘《洛神赋图》卷，即用“紧劲连绵”的高古游丝线描方法，表现薄衣广袖、绫罗飘逸、体态轻盈之美。我对于线描的热爱始于达·芬奇的手绘稿，真正画建筑线描是在大学时去青岛上的写生课上，而真正一发而不可收地描绘建筑是在2008年去巴黎国际艺术城进行访问交流的2个月里。之后的十年，从东到西，无论走到哪里，我都未曾放下画笔，一路用线描的语言系统尽情表现人类的文明与智慧，在笔与纸的摩擦中，拾起片片砖瓦，砌筑起层层楼阁，勾勒出座座优美典雅的建筑，这一切都转化为艺术创作灵感的自然流露，终使这些静默的老房子重获新生。

选景构图

构图是任何平面的视觉图形都要遵守的法则，从看到心仪建筑的那一刻就开始寻找最适合的观察点，然后模仿照相机的取景框进行取景，再落到速写本的画面上。

初学者可以先在纸上勾画草稿，安排好画面的构图。开始可以找一些建筑局部或小品描绘，不要害怕画坏，一贯而终，不断训练，方能用笔娴熟。熟练后，落笔可从建筑的顶部开始勾画。画建筑一定要遵循透视准确的原则，是视觉上的准确而非用尺去测量。要点就是，切忌将垂直线画倾斜，建筑物的灭点要统一。

线描画笔及其笔迹

1.日本Pentel 软头动漫画笔

2.德国Rotring 针管笔

3.中国STA斯塔防水针管笔

4.德国STAEDTLER针管笔

5.日本MARVY针管笔

6.日本COPIC防水针管笔

7.日本Pentel Stylo纤维动漫画笔

8.德国Rotring注水钢笔

9.日本三菱软头书写笔

Pentel 筆文字サインペン SES15N
STAEDTLER triplus fineliner
MARVY UCHIDA
FOR DRAWING
Item.No.4600 0.8
rotring ArtPen

线描画中点的组合特征

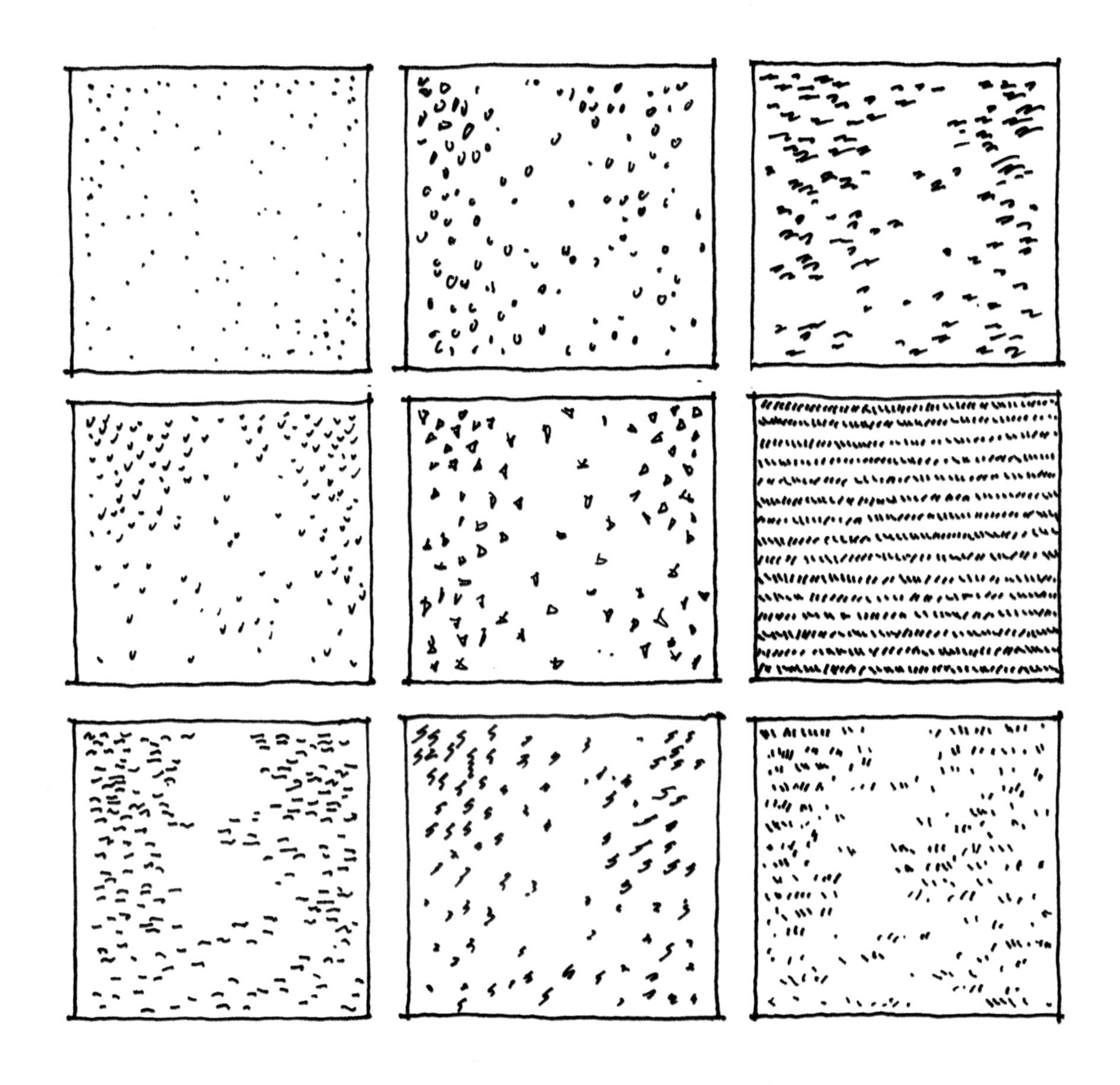

线描画中线的组合特征

线描画中面的组合特征

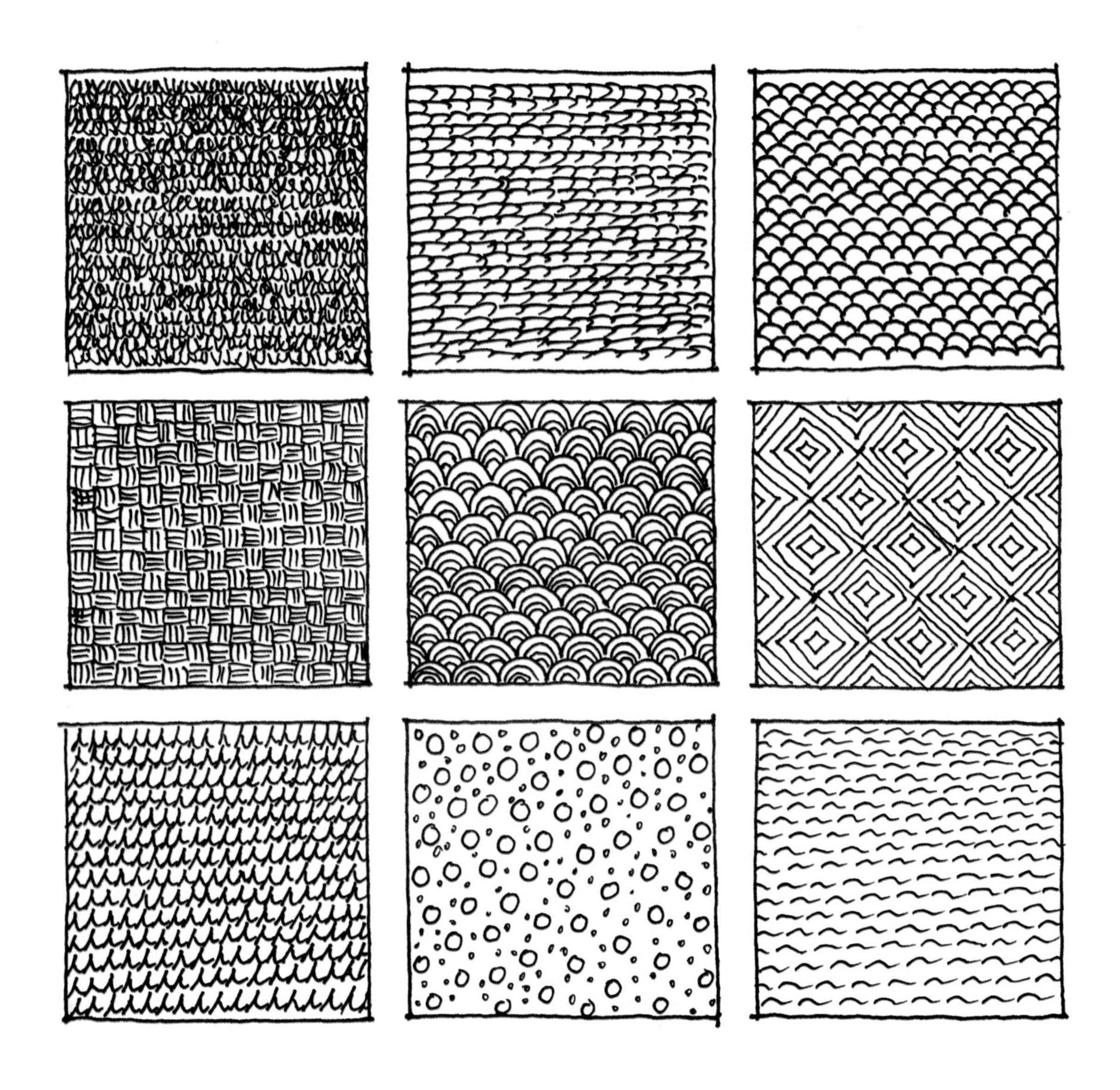

线描画中树叶的表现

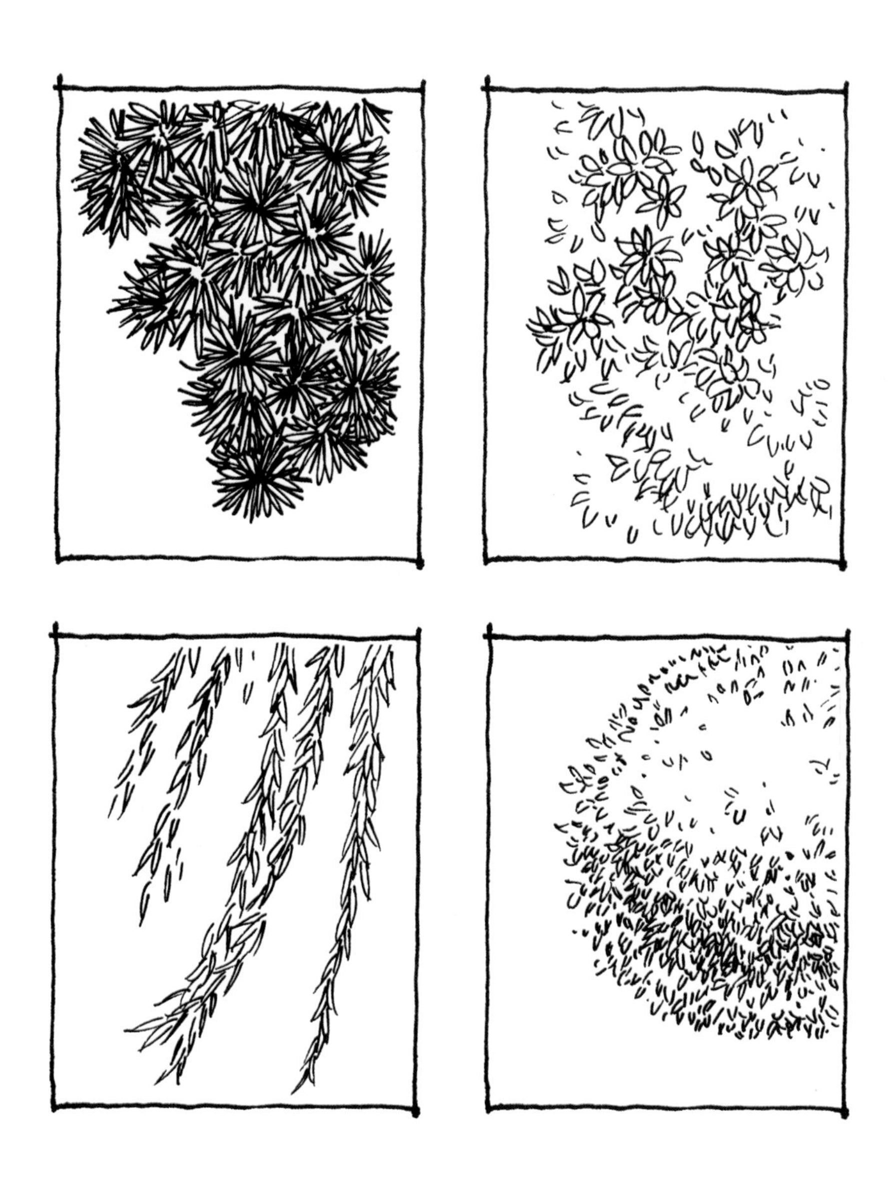

线描画中的五级明度

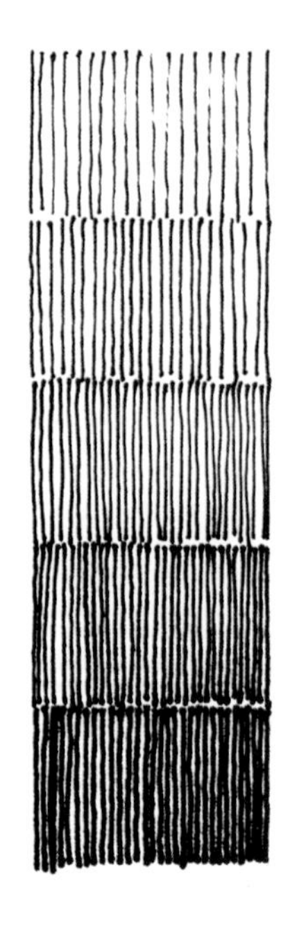

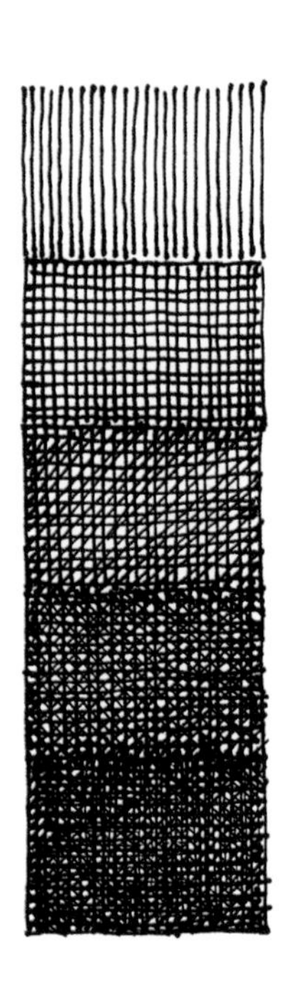

线描画中的色调渐变

线描画中的线条变化

线描画中的线条变化

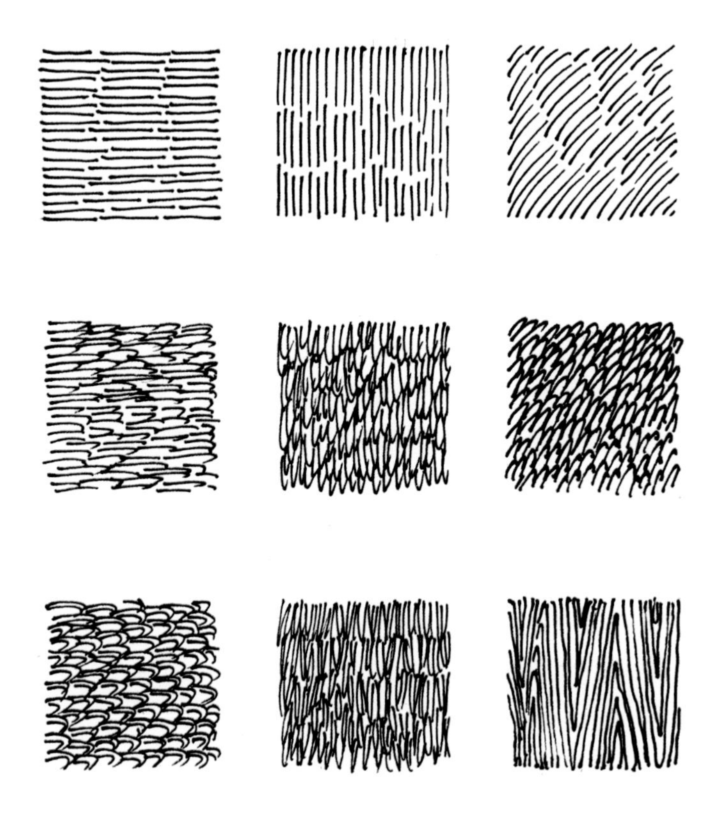

第一篇 漫步塞纳河

巴黎如同大海汪洋……钻研者即便身处其中也难窥得全貌。

——巴尔扎克

我第一次到访的国外城市，就是大学时代梦想今生一定要去走访的世界艺术之都——巴黎。在这座 300 年没有改变建筑样貌，蕴藏着传奇的历史城市，我沉浸其中两个多月，每天不停歇地行走在各种博物馆、美术馆、画廊之间，漫步于巴黎的大街小巷，几乎踏遍了这里的每一个角落，最后在偌大的巴黎城区乘地铁，坐公交，无论去哪儿根本不会迷路……画笔、画本和饭盒是每天背包里必带的物品，一路边走边画，或伴随着巴黎圣母院的钟声驻足欣赏这古老迷人的建筑，或围观桥头的艺人表演体验着古城里的风土人情……

巴黎国际艺术城里有几栋老房子，院墙破旧而古朴，长满青苔，临近平民院落。有些院墙上还铺陈着密密麻麻、绿油油的爬山虎藤蔓，在狭长的阴影下，给巴黎带来了些许清凉的感觉。

巴黎国际艺术城里的老房子

圆亭咖啡馆，是巴黎最负盛名的咖啡馆之一，至今仍然保留着 20 世纪 20 年代的装饰风格。圆亭咖啡馆将近 90 年的历史也是与巴黎艺术家和文人紧密连接在一起的历史，是艺术家、文人消遣的历史。

巴黎咖啡馆（1）

CAF

塞纳河畔的教堂前精美的拱桥像一幅精美的油画，完美无瑕。

巴黎－建筑写生(1)

巴黎的古建筑一直保存完好，是政府每年大量投入人力、物力对其进行精心养护的成果。

巴黎 – 建筑写生 (2)

巴黎－建筑写生(3)

Salon de Thé Terrasse Chauffée

巴黎－塞纳河畔 (1)

巴黎－塞纳河畔 (2)

巴黎 – 咖啡馆(2)

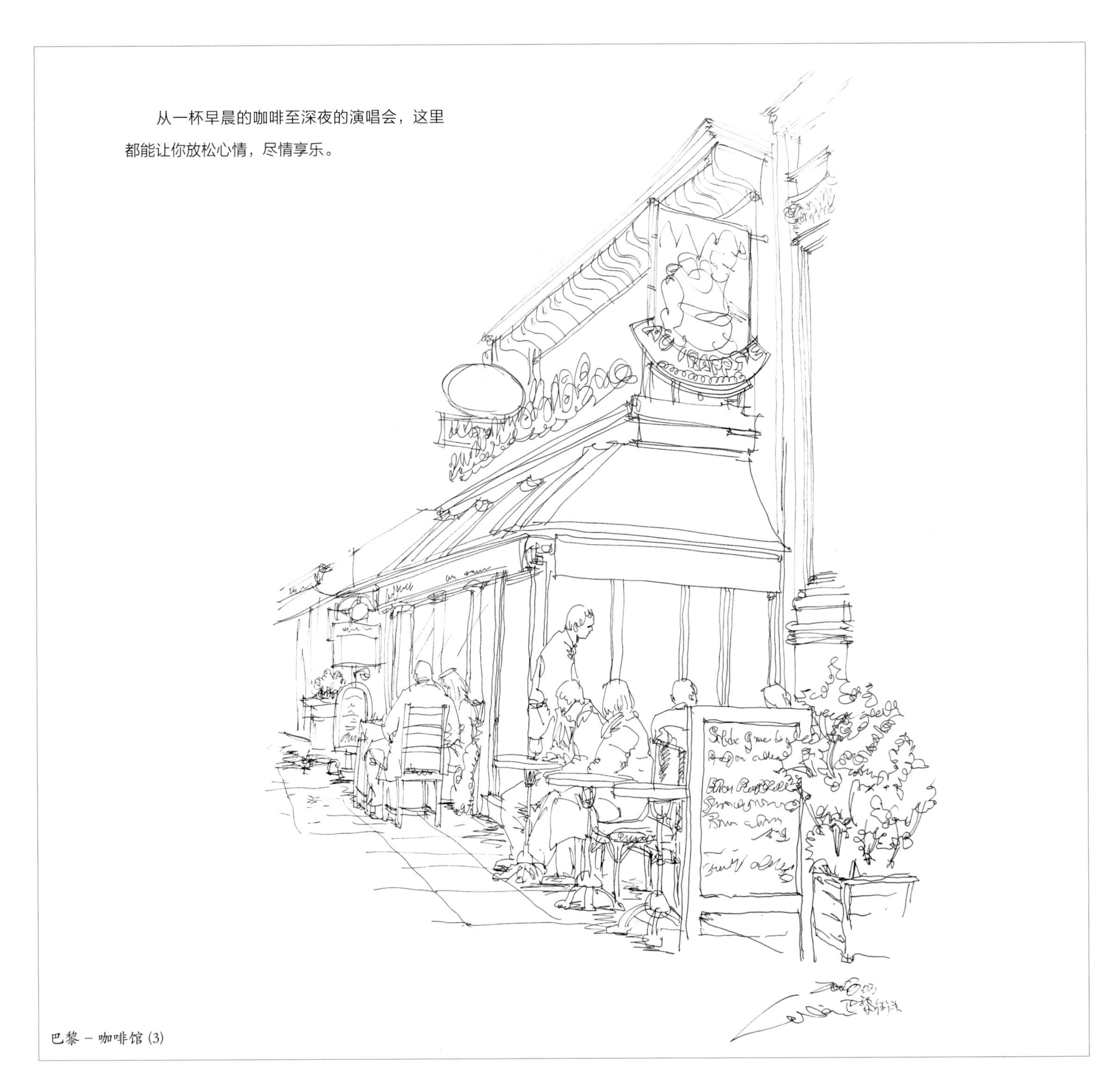

从一杯早晨的咖啡至深夜的演唱会，这里都能让你放松心情，尽情享乐。

巴黎－咖啡馆（3）

巴黎 – 巴黎圣母院 (1)

法国－巴黎圣母院（2）

巴黎的屋顶（1）

巴黎－建筑写生(4)

巴黎艺术城－西门

巴黎的屋顶 (2)

巴黎－咖啡馆(4)

巴黎 – 咖啡馆(5)

巴黎 – 凡尔赛小镇

巴黎－建筑写生(5)

巴黎－建筑写生(6)

巴黎－建筑写生(7)

巴黎－创意小店

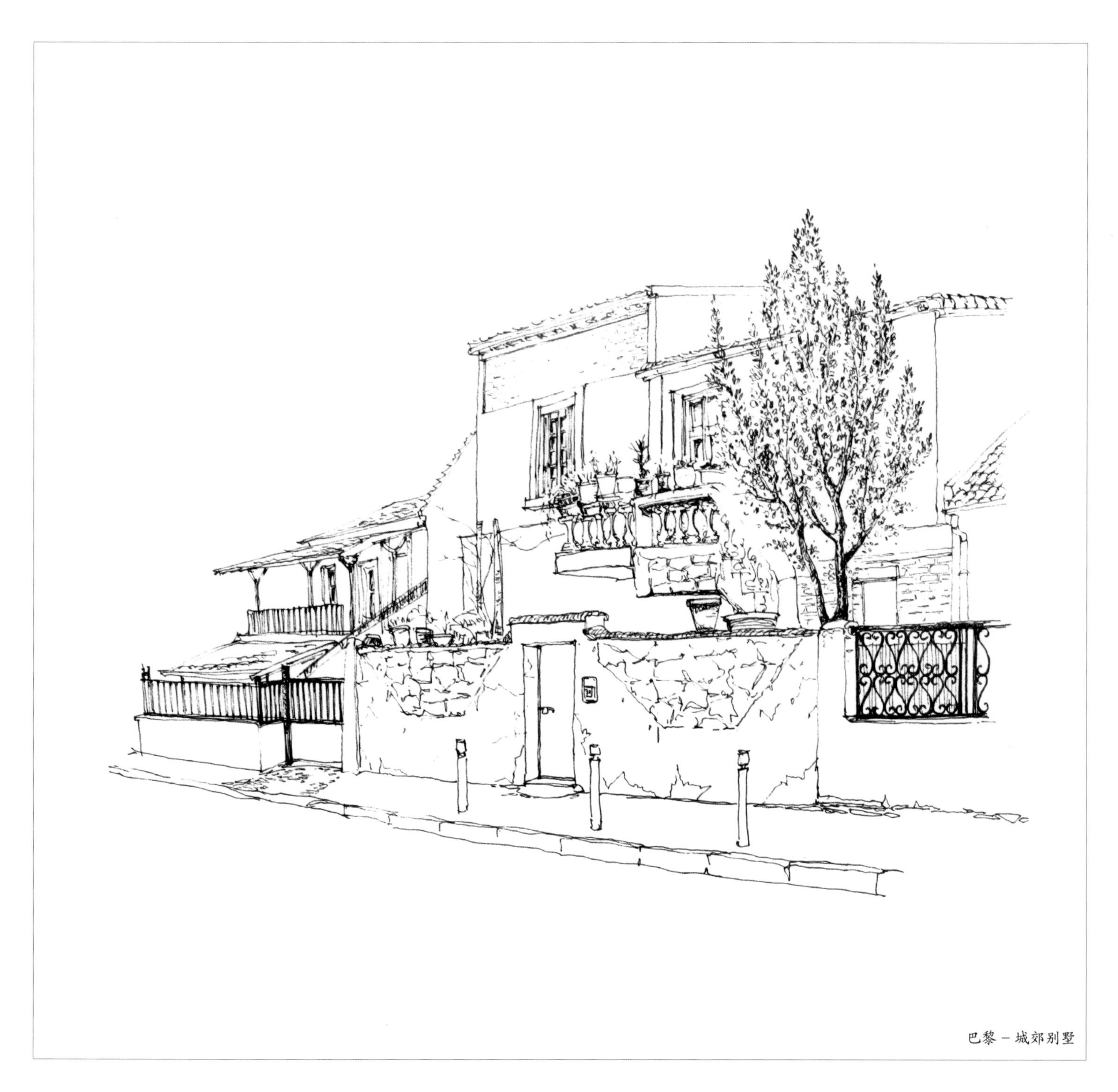

巴黎－城郊别墅

巴黎－交警坐骑

在巴黎的街道上四处可见街头艺人在尽情地表演，他们手拿各式各样的乐器即兴演出，嘴里唱着属于这个城市的独特歌曲。他们不但可以通过展示自身的文艺特长来获取相应的酬劳，还为市民欣赏艺术表演提供了另一种途径。

巴黎 – 街头艺人

巴黎的美女，也是这座城市的独特景致。

巴黎 - 人物写生

巴黎－蓬皮杜中心的人们 (1)

巴黎 – 蓬皮杜中心的人们 (2)

巴黎－骑士

第二篇

踏足美利坚

自 2011 年圣诞节起，我先后三次踏足美国，走访了这里的十几座城市。幅员辽阔的美国，拥有丰富多元的地域与文化。两百多年的时间里，无数的近现代经典建筑从这里拔地而起，东海岸的纽约不仅有著名的第五大道地标克莱斯勒大厦，还有静静守候在中央公园旁的大都会艺术博物馆，与其对望的就是建筑大师赖特设计的螺旋形的古根海姆博物馆；人类首次登月的出发地 NASA 肯尼迪航天中心就在佛罗里达州腹地奥兰多，海明威的度假别墅也隐藏于最南端海滨胜地迈阿密的小岛之上；在西海岸加利福尼亚州阳光照耀下的水晶大教堂闪闪发光，人们在白色派经典建筑盖蒂博物馆的迷宫花园里漫步，这里更有建筑奇才盖里设计的极具视觉冲击力的迪士尼音乐厅和好莱坞山顶上的豪宅别墅……

从加利福尼亚州的洛杉矶到亚利桑那州的凤凰城，从最繁华的纽约到人间天堂夏威夷的火努鲁鲁，从赌城拉斯维加斯到旧金山金门大桥、美国宫，一路行走在美国的东西海岸，一边充分地了解这个国度的风土人情，一边充分地享受着建筑艺术的魅力，当然也从未放下手中的画笔……

Statue of Liberty

2012.05.12

2012.09.06

2012.09.12

美国－纽约建筑

美国－纽约第五大道

旧金山艺术宫，始建于1913年12月8日，于1915年建成，原本是为了1915年巴拿马“太平洋万国博览会”所盖。博览会结束后，其他建筑都被拆除了，只有旧金山艺术宫保存至今，得以让现在的人们一睹它的风采。

美国－旧金山艺术宫

盖蒂美术馆的中心花园是一件常变常新的艺术作品，中心花园是艺术家“Robert Irwin”的杰作，位于盖蒂中心的腹地。这里景观美化植物数百种，花园的所有植物与用料均经过精心挑选，以此加强光线、色彩于反射间的相互作用。置身花园当中，行走在步行道上，一边是天然山涧，一边是树木成行，如同在享受一场视觉、听觉的盛宴。

洛杉矶－盖蒂美术馆中心花园

加利福尼亚州别墅

20160213
Hacienda. LA

夏威夷－公园(1)

夏威夷－公园(2)

2012.09.06

20170118. LA

20130123

20170126

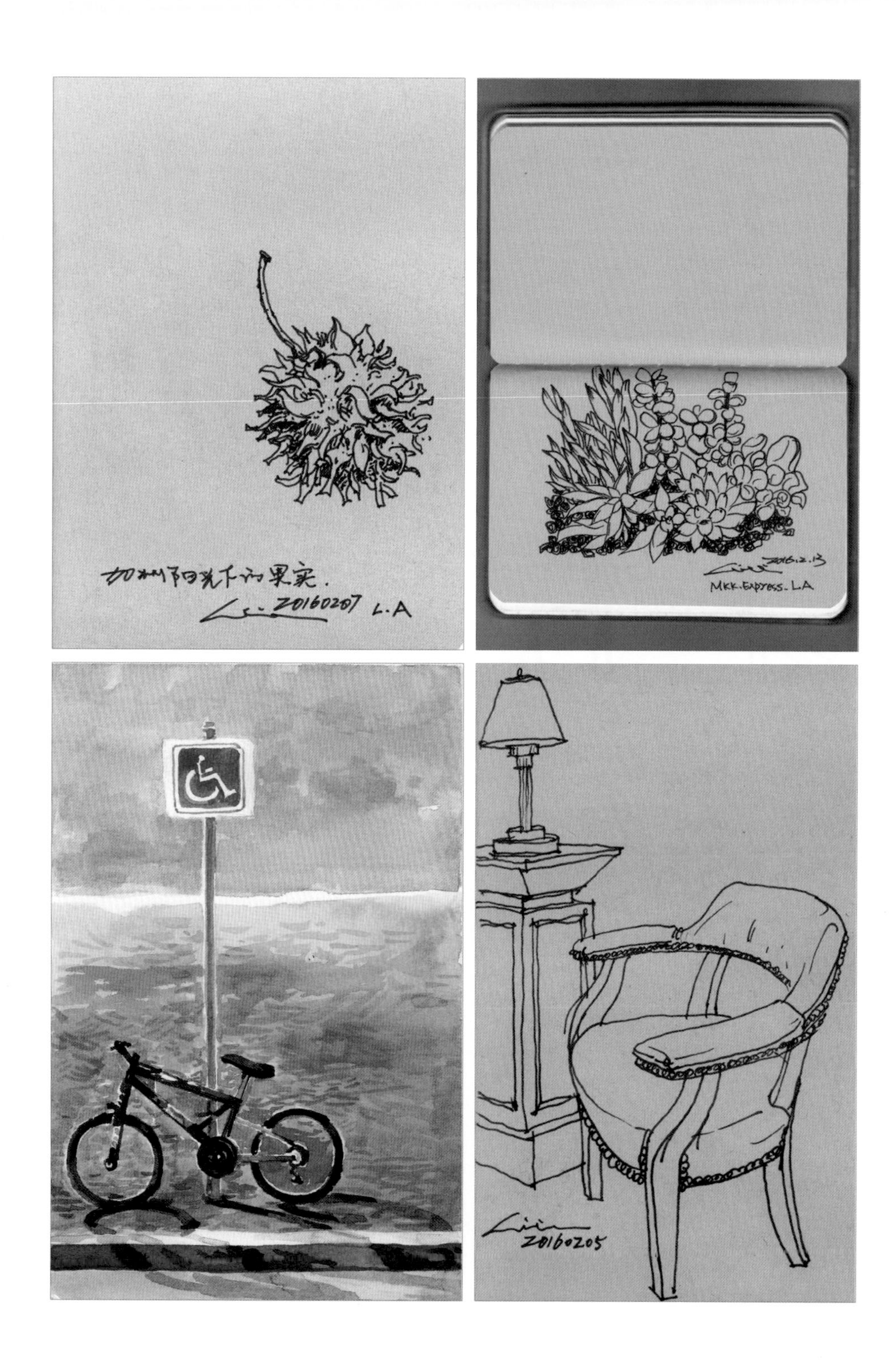
加州阳光下的果实.
20160207 L.A
20160205

20160219
Hacienda. LA

姐家门前的树.
20160207 L.A

2016.2.2

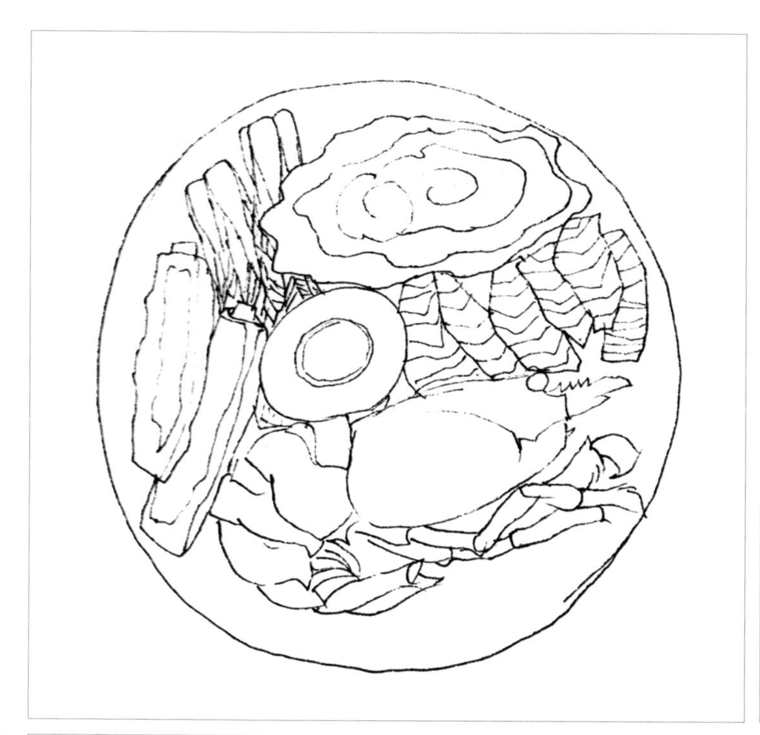

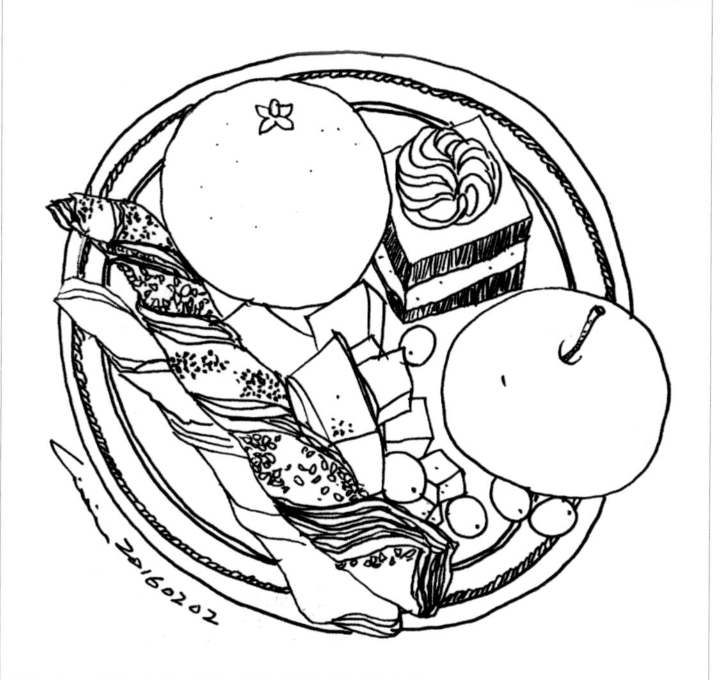
20160202

20160211

20160202

这是位于 SVSU 大学生活区“PG”里的一幢小楼，其功能为活动服务中心有自助做餐、用餐、会议、Party、娱乐、洗衣等项目，就在前一天，Phiuip 教授和几名美国学生在这里为我们举办了一次小型 Party，同学们玩得很开心！就在楼前的大草坪上同学们与 Phiuip 玩飞盘游戏。

建筑的线条舒展、优美，深灰色的屋顶、红色的墙砖、低矮的建筑，有 Wright 大师的草原风格的影子，这是我很喜欢的风格。

美国－加利福尼亚州的树

美国－加利福尼亚州公园的植物(1)

美国－加利福尼亚州公园的植物(2)

第三篇 圣地尼泊尔

很幸运的尼泊尔之旅。尼泊尔是一个能迅速把你带回几个世纪以前的古老国家，这是一个经济落后却人人充满笑容的友好国度，无论是佛祖诞生地蓝毗尼，还是热带雨林奇特旺，这里的每一个角落看起来都充满信仰……

我背包几乎走遍了这里东西南北的每座城市，不但游览了加德满都地震前的经典古老神庙，登上纳加阔特山顶欣赏珠峰日出，参观博卡拉小镇的珠峰博物馆，还划木船、骑大象游走在热带雨林中间……

·2015.2 Nepal. Bhaktapur

从杜巴广场的西侧入口进入，左手边的建筑墙面有两尊石雕神像，位于右侧的是拥有12 只手臂的拜拉佛雕像，面目凶恶。据说由于这尊雕像做工精湛，在作品完成后，统治者命令将工匠的手臂截断，以免其再重制相似的作品。

尼泊尔 – 巴克塔普尔 – 拜拉佛雕像（杜巴广场）

国家画廊旁边的黄金门又称“太阳门”，位于杜巴广场王宫的东侧，为旧宫的主要入口，高约 8 米，黄金门上覆盖一组镀金屋顶，上方装饰着金属雕刻的尼泊尔国旗、大象和狮子。此外，门的四周布满精致铜雕，如四头十臂的塔蕾珠女神像、毗湿奴的坐骑金翅鸟葛鲁达和象神伽纳什等。这是加德满都谷地间最重要的金属工艺杰作。

尼泊尔 – 巴克塔普尔 – 黄金门（杜巴广场）

两尊石狮是由布彭德拉·马拉国王建造的，与中国的石狮相比，体量庞大，身材饱满雄壮，但石狮头部的发髻虽刻画细腻，却缺乏立体感。

巴克塔普尔杜巴广场上供俸希迪·拉克希米女神的庙（Siddhi Lakshmi），是一座完全用石头建造的寺庙，所以也叫“石头庙”。石庙坐落在一个 6 层的多边形基座上，建于 17 世纪，寺庙的侧方有一对神情迷茫的卷毛石狮。

希迪·拉克希米寺庙的旁边，一座锡卡拉式风格的梵萨拉寺庙立林于此，建于 1737 年，砖石砌筑，结构精美。

2015.11.29

从 20 世纪 90 年代之后，费瓦湖畔开始繁荣，观光业蓬勃发展，吸引游客聚集于此。

尼泊尔 – 博克拉 – 费瓦湖畔商业街

杜巴广场上的寺庙多为砖木结构，这一座却几乎全是用石头所砌，顶部的形状也是鹤立鸡群。

尼泊尔 – 加德满都 – 湿婆神庙（杜巴广场）

位于杜巴广场最东边的 Chhinnamasta 是该区最古老的寺庙之一，该庙供奉了湿婆神的妻子帕尔瓦蒂的化身雪克提。Chhinnamasta 的意思是“被砍头之人”。该建筑除全部镀金外，还装饰着漂亮的彩砖。

尼泊尔 – 加德满都 – 帕尔瓦蒂神庙

2015.2.4
Nepal.kathmandu
2015.2.4
Nepal.kathmandu

尼泊尔－博克拉－费瓦湖湖边的羊

帕坦，由于传说建有 4 座阿育王时代的佛塔，从而被视为世界上最古老的佛教城市，古称“拉利特普尔”，意为“艺术之城”。位于加德满都以南 8 公里处，是加德满都谷地的第二大城市。这里是尼泊尔建筑和工艺的摇篮，随处可见家庭式的小型作坊，代代相传着古老的传统技艺。1980 年它被联合国教科文组织列为亚洲重点保护的 18 座古城之一。

加德满都西郊 2 公里处的小山上，矗立着一座如莲花般的佛塔，塔身上最引人瞩目的是尼泊尔标志性的眼睛图案，这里便是被称为“猴庙”的斯瓦扬布纳特寺，也称“四眼天神庙”。这座佛塔拥有金色的塔身和四周巨大的佛眼，用恩泽四方的慧眼守护着整片谷地。

尼泊尔 – 加德满都 – 猴庙（杜巴广场）

这里很少有人破坏，从而得以维持如此清新的自然环境。

纳加阔特，位于加德满都市区以东约 30 公里，坐落在正对着喜马拉雅山的山脊上，海拔 2175 米，被称为“喜马拉雅山的观景台”。山顶酒店更可观赏到喜马拉雅山脉的 20 多座 6000 米以上的世界著名雪峰。

尼泊尔 – 加德满都 – 民居

尼泊尔 - 博克拉 - 早餐店

尼泊尔 - 加德满都 - 香格里拉酒店西餐厅

第四篇　木构为骨　揭瓦为盖

中国建筑在世界建筑群体中，可谓自成一体。中国建筑的历史与中国文明史相生相伴、源远流长。中国人一向采用的本土营造体系和设计构思，其主要特征从古至今未曾改变。我深深爱着的中国老建筑都充满了质朴、优雅、灵动与豪气，欣赏它就是欣赏智慧和创造，描绘它就是描绘先人的生活，传承它就是延续中华民族的文化血脉。

20171003天津大悲禅寺

日喀则 - 扎什伦布寺

江孜－白居寺

扎西德勒
藏牦牛。
2016.10.27

云南 – 丽江古城 (1)

云南 – 丽江古城 (2)

寺庙一跪一千年，诚心剃度侍佛前，
深居简出住禅院，你道彼此无缘。
魔谷一战两千年，不为飞升做上仙，
温情柔肠话意浅，你道彼此无缘。
红尘一去三千年，看透虚妄心未变，
轻笑淡看这世间，你道彼此无缘。
黄泉一堕四千年，奈何桥下开青莲，
低眉颔首望云天，你道彼此无缘。

云南 – 丽江古城 (3)

云南 – 丽江古城 (4)

西藏－布达拉宫

南京四方当代美术馆

和顺古镇－花大门古民居

云南 – 和顺古镇中天寺

云南－束河古镇(1)

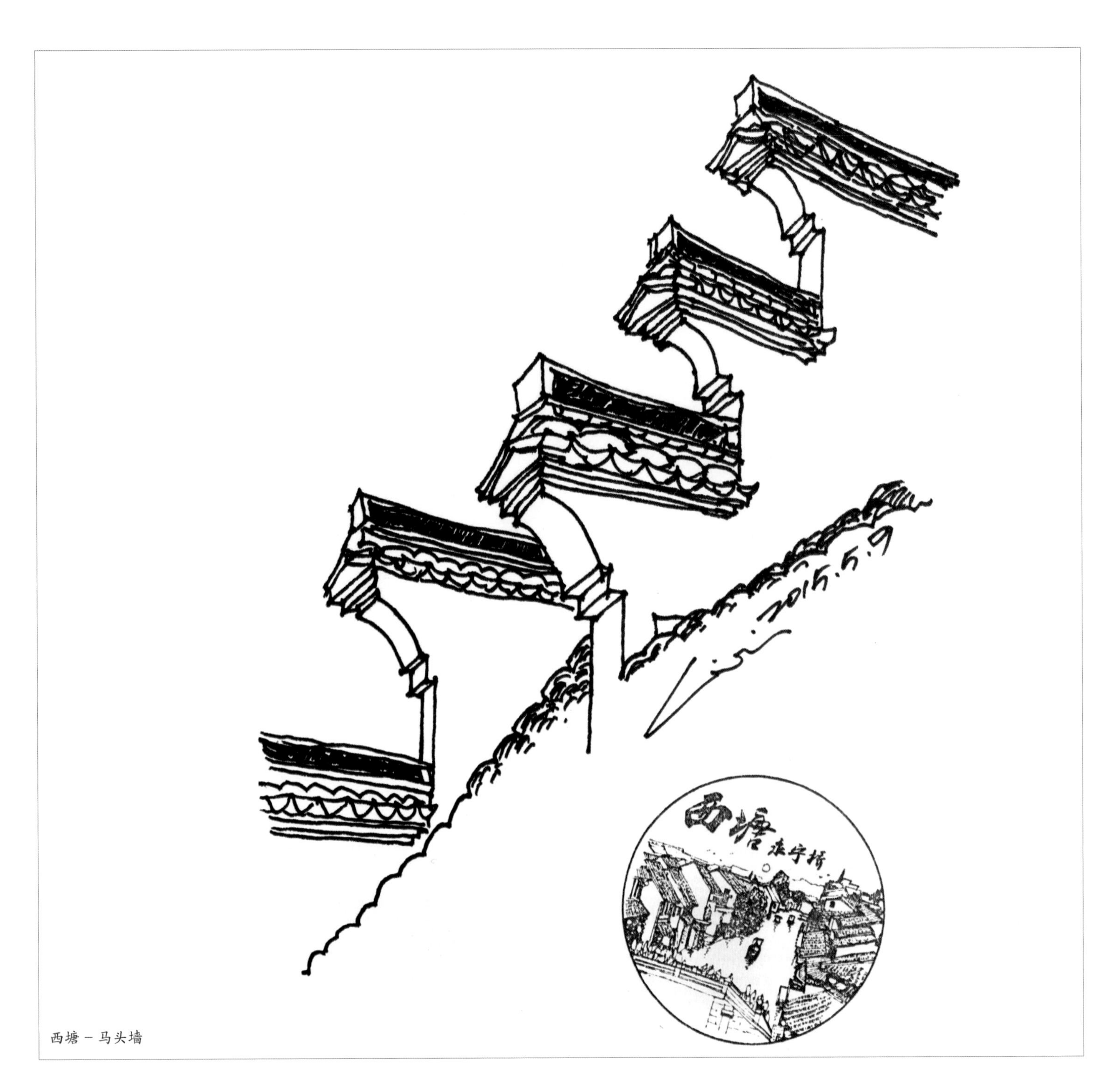

西塘－马头墙

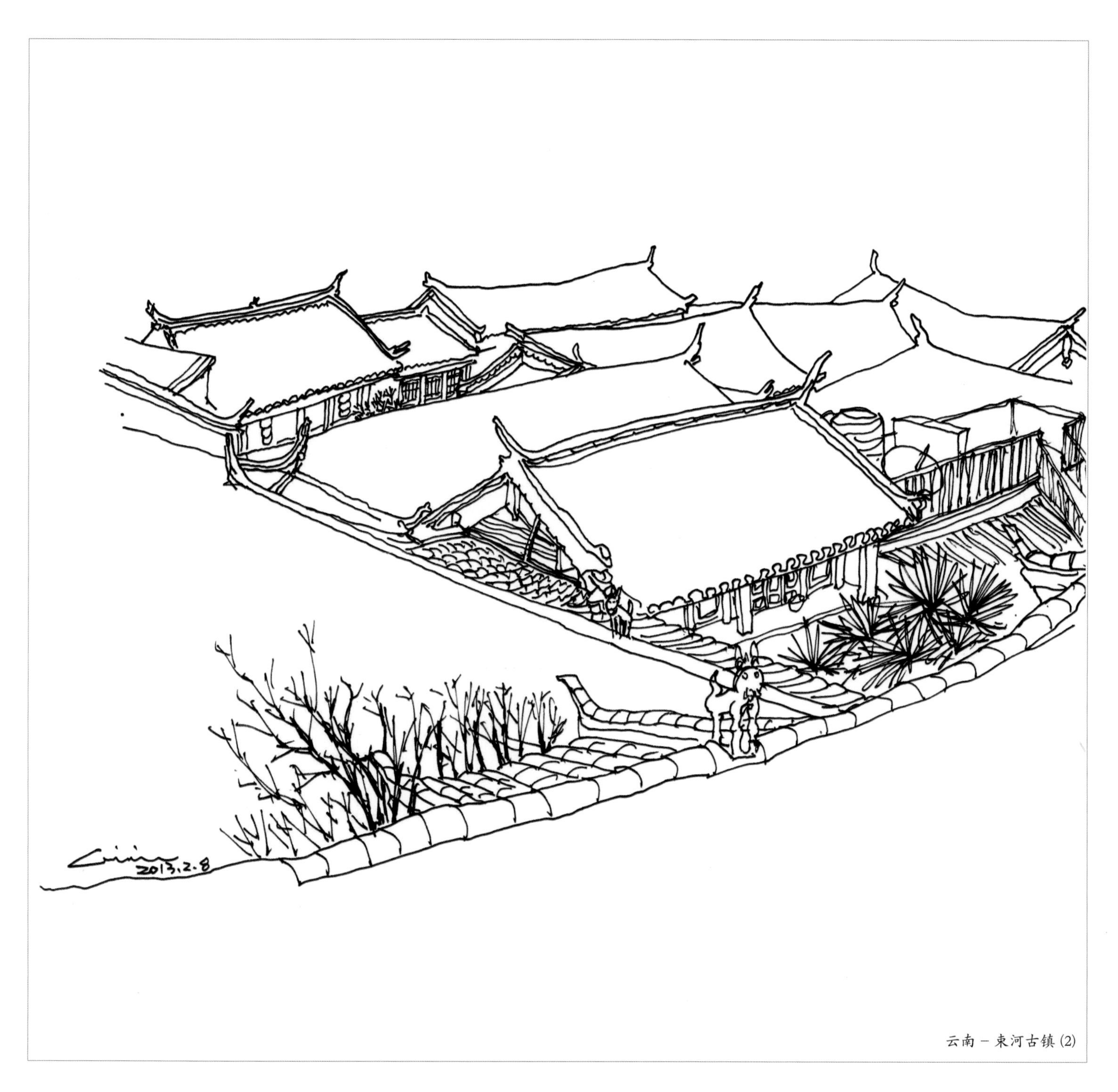

云南 – 束河古镇(2)

云南－诺邓古镇（1）

云南－诺邓古镇(2)

水乡乌镇

乌镇西栅民居

西塘人家

西安－大雁塔

乡村－湖里速写(1)

辽宁乡村栗子园 (1)

辽宁乡村栗子园 (2)

辽宁乡村栗子园 (3)

辽宁乡村栗子园 (4)

西塘古镇

破碎的民屋中裸露的建材正是山村人民勤劳睿智的见证。石材是山区最为廉价的建筑材料，一般用于围护结构，具有良好的保湿隔热性能。木材形体纤细，皆为乡土一般木材，如红松、白松、黄花松等，选材粗大。

鼓楼起于基座之上，共两层，含基座高 34 米，属于歇山顶重檐滴水木质结构，外檐的斗拱有彩绘。其顶盖以灰琉璃瓦，逐显厚重古朴，鼓楼之总体，若禽展翅。有一种灵性。

——朱鸿《长安是中国的心——鼓楼》

西安－鼓楼

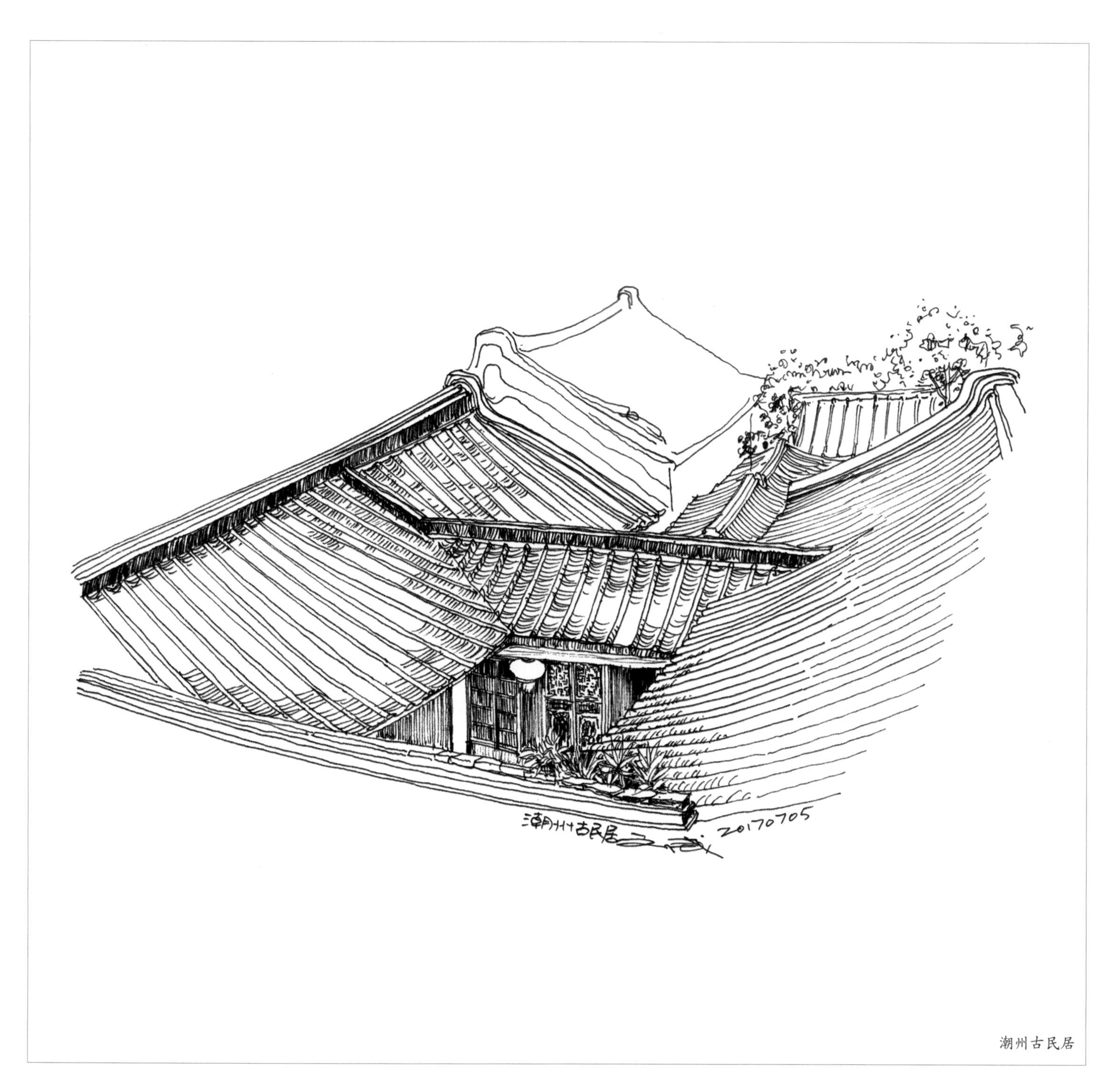

潮州古民居

浙江－天台山国清寺

2010.06.21

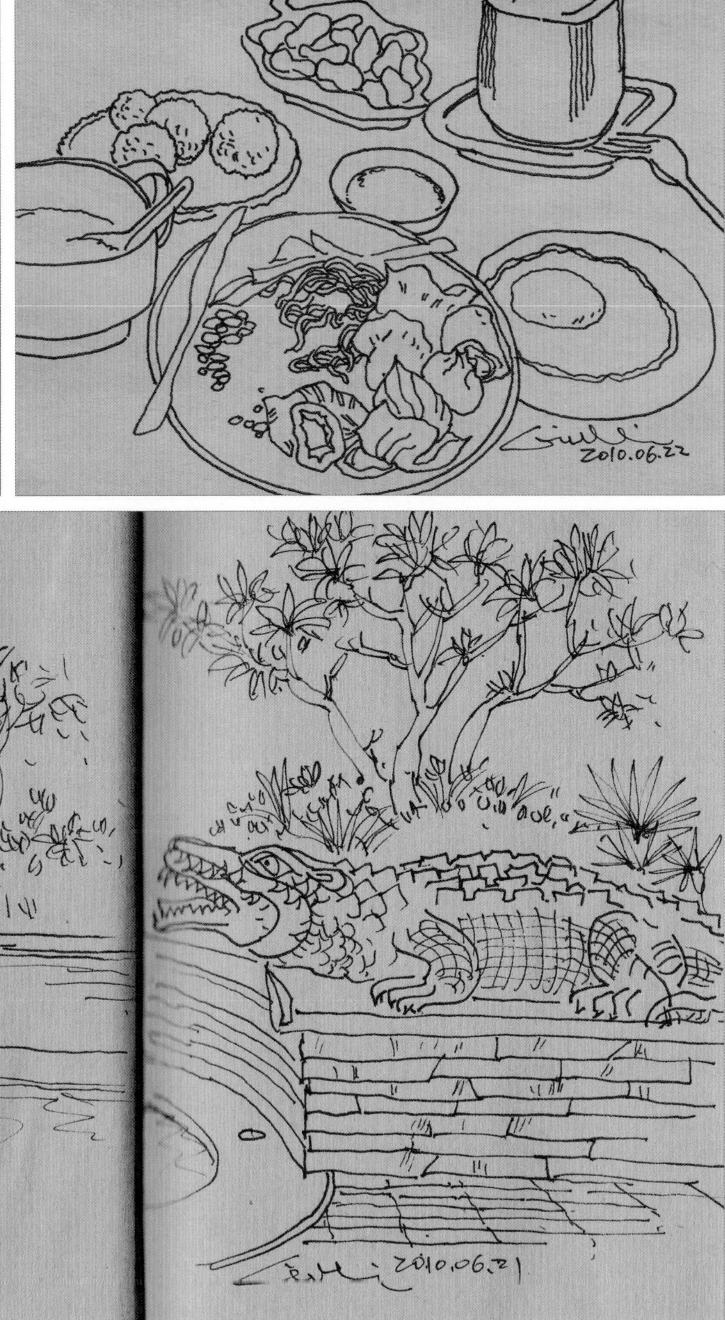
2010.06.22
2010.06.21

大连铁道1896花园酒店，建有28栋19世纪的别墅小楼，它们原来就是供大连的第一批开拓者居住的官邸。本图中的27号别墅始建于公元1903年，建筑面积329.4平方米。它由俄国建筑设计师布拉李诺夫斯基设计，为欧式风格。该建筑拥有百年历史，见证了城市的繁荣与变迁。

大连－铁道1896别墅27号

2013.08.10
大连·铁道1896别墅27#

辽宁－辽阳汤河温泉(1)

辽宁 – 辽阳汤河温泉 (2)

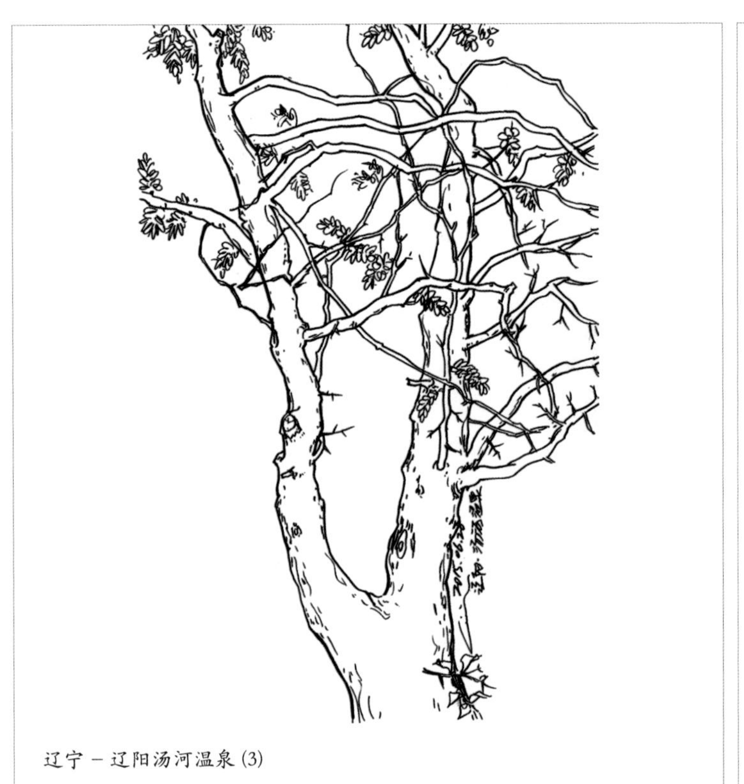

辽宁－辽阳汤河温泉(3)

辽宁－辽阳汤河温泉(4)

湖里村位于本溪满族自治县碱厂镇东营坊乡，有“辽东小桂林”之美誉，是本溪“中华枫叶之路”上一颗璀璨的明珠。这里的人们热情好客，勤劳朴实，自然风光秀丽、纯粹，是远近闻名的画家村。

乡村 – 湖里速写 (2)

乡村 – 靴子沟 (1)

二界沟渔村，坐拥出入辽东湾的天然地利，是关内外渔民在渔季的避风港，并形成了独特的古渔雁文化。

人们进行古老的渔家祭祀，船工号子等活动，以古渔雁文化为核心，祈求航行平安，渔业丰收。随着锣鼓齐鸣，渔工把头喊出百年前的渔工号子，近百条渔船趁着潮汛顺潮而出，驶向辽东湾海域腹地捕鱼，同时岸上点燃爆竹，为出海的渔船讨个好彩头，寄托了渔民对新一年的期盼。

乡村 – 二界沟渔村 (1)

排船，是当地渔民对古法造船工艺的一种俗称，这是以纯手工方式制造木质船舶的传统制造工艺，在二界沟已有近 200 年的历史，已成为盘锦地域文化的经典符号之一。

乡村 – 二界沟渔村 (2)

人们为了安全和取暖用树枝或秸秆围成的院子，称为篱笆寨。平原地区通常用柳条、秫秸为材料；山里以圆木为障子，可以防止野兽进入。将篱笆寨修得离窗子很近，可以起到遮挡风霜的作用，能够保住屋子里的热气。

乡村－湖里速写(3)

“苞米楼子”满族称为“哈什”，是盛放苞米的仓库。

临佛欲言

禅香梵海碧山行，行至佛陀入我心。我心散落菩提岸，菩提半醉我半醒。

青松逆解秋来客，迷雾痴向水边汀。雀鸟凌空西风赠，竹柳垂道送何人？

云栈高居瑞应寺，口口不离婆阿经。积麦窟里拈花笑，笑救困苦活苍生。

苍生难活佛易笑，善恶德亏扪自问。螭龙琉璃石上塑，真我俨然佛一尊。

辽宁 – 阜新 – 瑞应寺

大连港十五库 – 石槽 MAAN COFFEE

大连港十五库

位于歇马山东坡，因薛礼东征时留下的靴子印而得名，青山翠拥，碧水环绕，随处可见的斑驳外表下古拙朴质的农家小屋，慵懒的猫咪与金黄的农作物，惬意的田园气息，深受人们追捧。

乡村 – 靴子沟 (2)

乡村－靴子沟(3)

第五篇　中华瑞兽

千古瑞兽，招吉纳福，威武忠诚。

义县－奉国寺大雄殿元代石碑盘龙雕刻

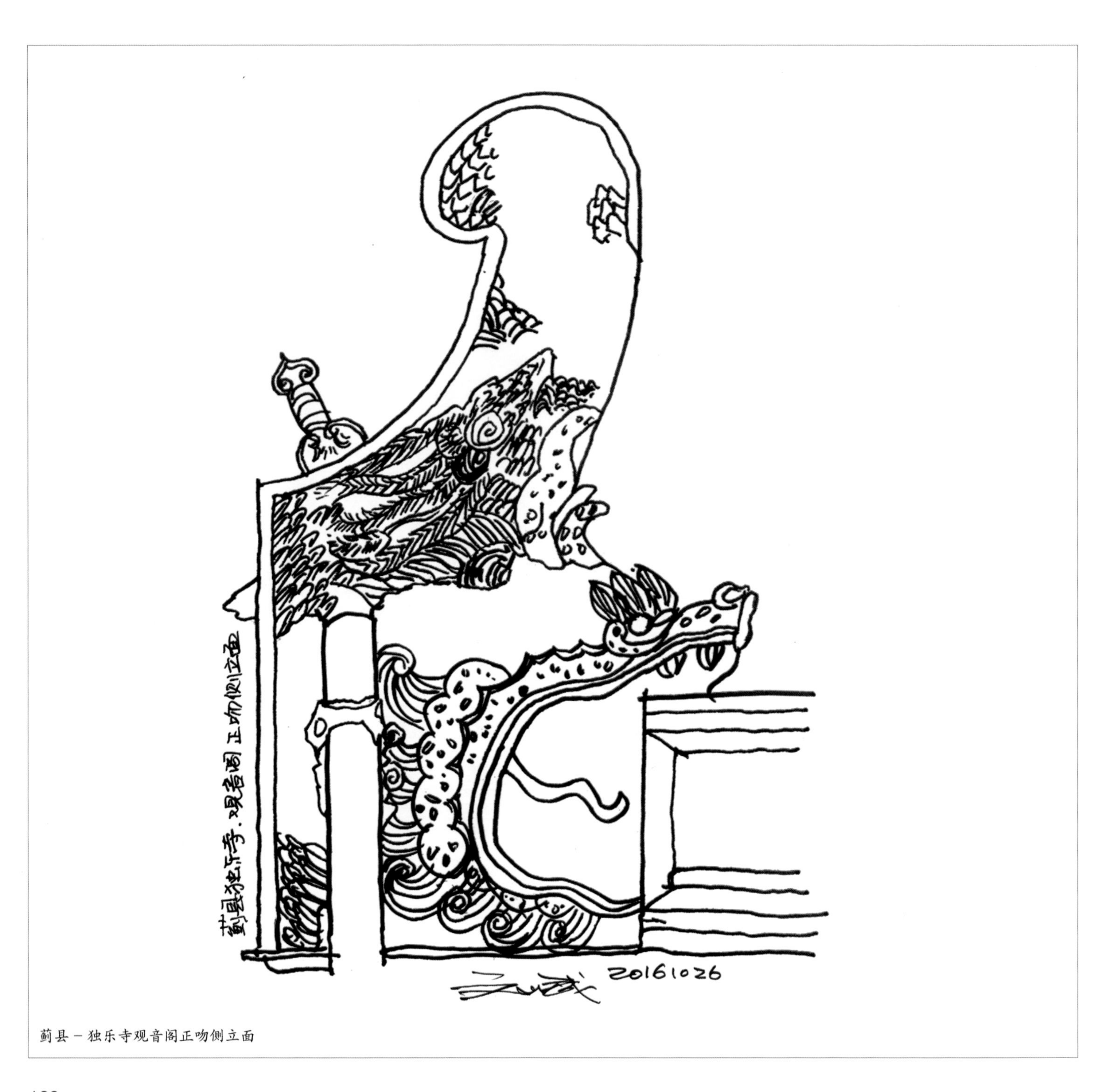

蓟县－独乐寺观音阁正吻侧立面

蓟县 – 独乐寺山门鸱吻

恭王府建筑脊兽

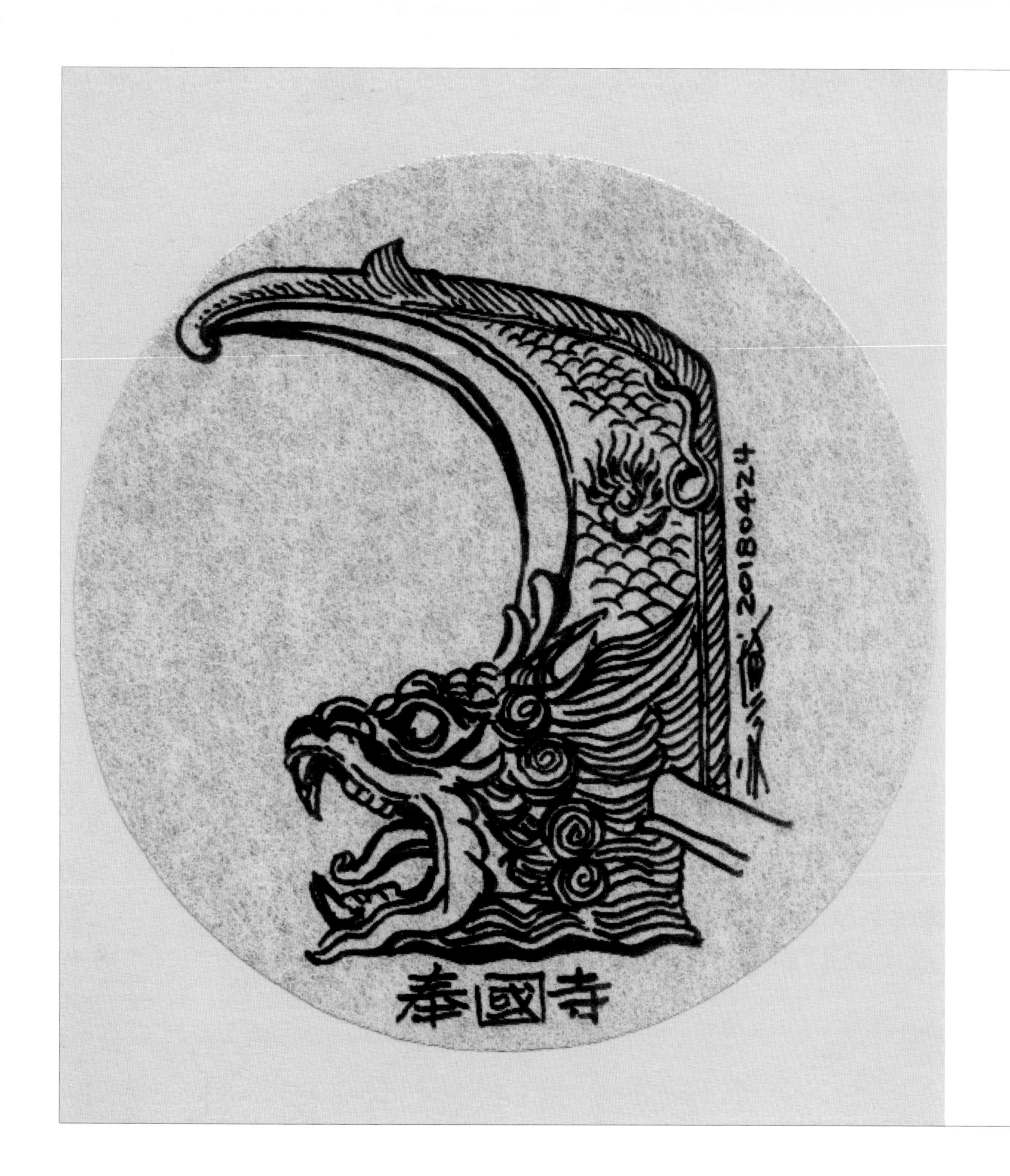

奉国寺大雄殿鸱吻

山西 - 南禅寺大殿鸱吻

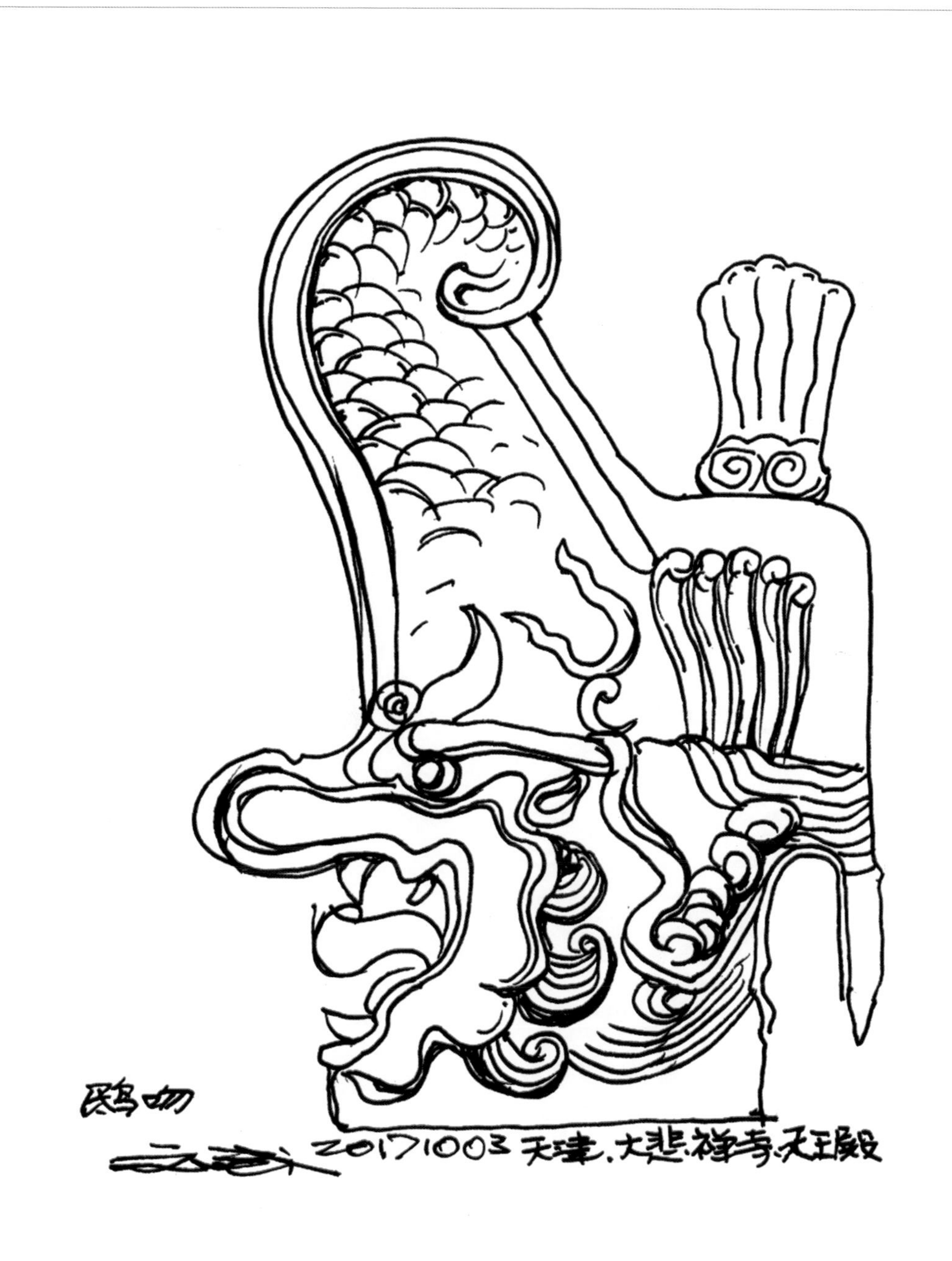

天津－大悲禅寺天王殿鸱吻

山西 - 明代鸱吻

山西－元代鸱吻

义县－奉国寺天王殿鸱吻

扎什伦布寺金顶鳌头

南京－朝天宫石狮

上海 – 城隍庙石狮

湖北－荆州博物馆石狮

西安－小雁塔石狮

清华园 – 石狮

天台山－国清寺母狮

义县－奉国寺石狮

沈航－新校区行政楼石狮

第六篇 # 朝花夕拾

这是我出生、学习和工作的地方，这是承载我童年和少年往事的地方，也是保存我美好记忆的地方。这里的每座建筑都深深地印刻在我的记忆里，我从这里放眼看世界。这是一座历史名城，是大清帝国建立基业的风水宝地，这也是让国人永远铭记的抗日最前线，这就是我热爱着的故乡“沈阳”。我喜欢描绘沈阳的老建筑，对这里的一草一木，一砖一瓦都保有深深的感情，永远难忘。

北陵公園 2013.05.07

辽宁大学党校

辽宁大学－信息科学与技术学院

沈阳 – 清 · 昭陵 (1)

筑

皇家瑰丽，器宇轩昂

梦

往昔盛世，百年沧桑

沈阳－清·昭陵(2)

沈阳－清·昭陵(3)

沈阳故宫 - 皇城美术书店

沈阳 – 牡丹园

沈阳 – 棋盘山临秀亭

沈阳老建筑(1)

沈阳老建筑(2)

沈阳小南天主教堂 (1)

沈阳小南天主教堂 (2)

奉天邮务管理局旧址

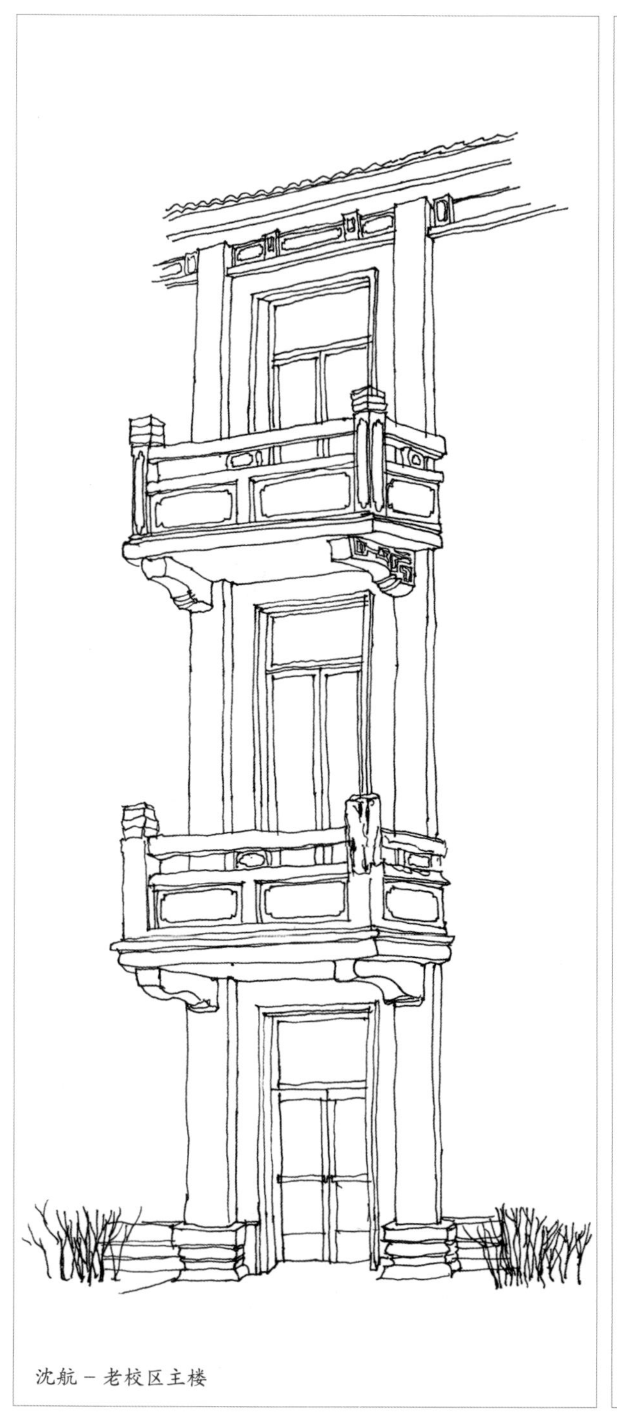

沈航－老校区主楼

沈航－老校区实验楼

沈航－老校区大门

沈航－新校区工程训练中心

沈航 - 老校区的树

沈航 - 新校区孔子像

沈航行政楼采用典型的中式对称建筑风格，整个建筑造型肃严端庄，大气稳重，充分体现了沈航“德能并进，勇毅翔远”的校训精神。

沈航－新校区行政楼

2014.12.4

沈航－新校区图书馆

这里是培养中国未来航空航天事业人才的摇篮，沈航航空宇航馆不仅寄托着学校“航空航天特色立校”的期望，承载着引领学校专业学科快速发展的历史使命，也是沈航唯一具备博士学位授予权的学院单位。

沈航－新校区工程训练中心

沈航－新校区机械馆

沈航－新校区逸夫科技馆

包豪斯的建筑风格代表着治学的方向，硕大的建筑体量彰显着学术的包容，1987 年创办的沈阳航空航天大学设计艺术学院是我国多科性大学中最早创建的设计艺术科系之一。

沈航－新校区艺术楼

沈航－新校区经管楼

沈航－新校区教学楼A座

沈航－新校区体育馆

“德能并进，勇毅翔远”的校训是每一个沈航人谨记的话语，其基座上的中国“歼 -8”战机是由沈航原校长杨凤田院士担任总设计师设计而成的。

沈航 – 新校区校训景观

饮水思源，学有所宗。

沈航 – 新校区青阳湖源头

这是一栋见证一代沈航设艺人挥洒青春的建筑，记录着一段沈航设艺蓬勃发展的艰辛历程。

沈航－白宫艺术楼旧址 (1)

沈航 - 白宫艺术楼旧址 (2)

憨憨的外表也遮掩不住流畅线条下你翱翔蓝天的景象，虽现已不再划破长空，但作为沈航校园著名景色之一，你们仍是停机坪上不可遗失的明星。

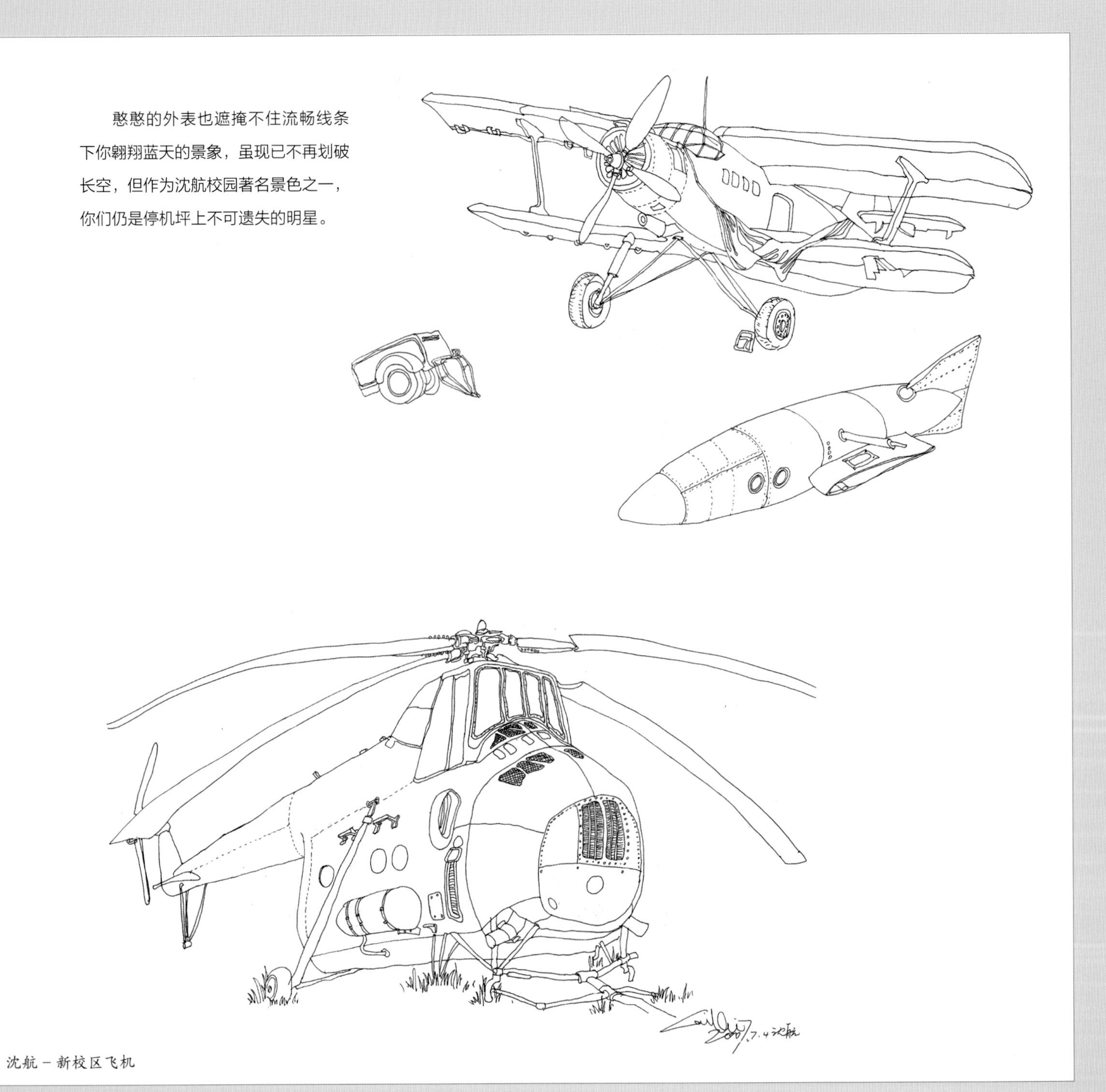

沈航－新校区飞机

沈航 - 青阳湖小景

青阳湖岸的垂柳万缕象征着沈航多学科共同发展的包容，清澈的湖水倒映着学子们纯真开朗的性情，湖中的荷花绽放着教师们“出淤泥而不染”的高尚品格。围绕在整个湖畔的琅琅书声，鸟语花香，仿佛正谱写着沈航未来的新乐章。

沈航－新校区青阳湖

第七篇　访学清华园

2016~2017 年间，有幸到百年学府清华大学访学，一年的时间充实而忙碌，校园的建筑还没一一描绘，校园的四季还没尽情欣赏，大师们的演讲还没有聆听尽兴……

趁着金秋时节用钢笔勾勒了几张清华园的经典老建筑——清华园二校门、清华大礼堂、生物学馆、第二教学楼，以作留念。

清華園
那桐
20160916

清华大礼堂于 1921 年建成，是清华早期“四大建筑”之一，融合了希腊式与罗马式建筑风格，是当时中国大学中最大的礼堂兼讲堂。

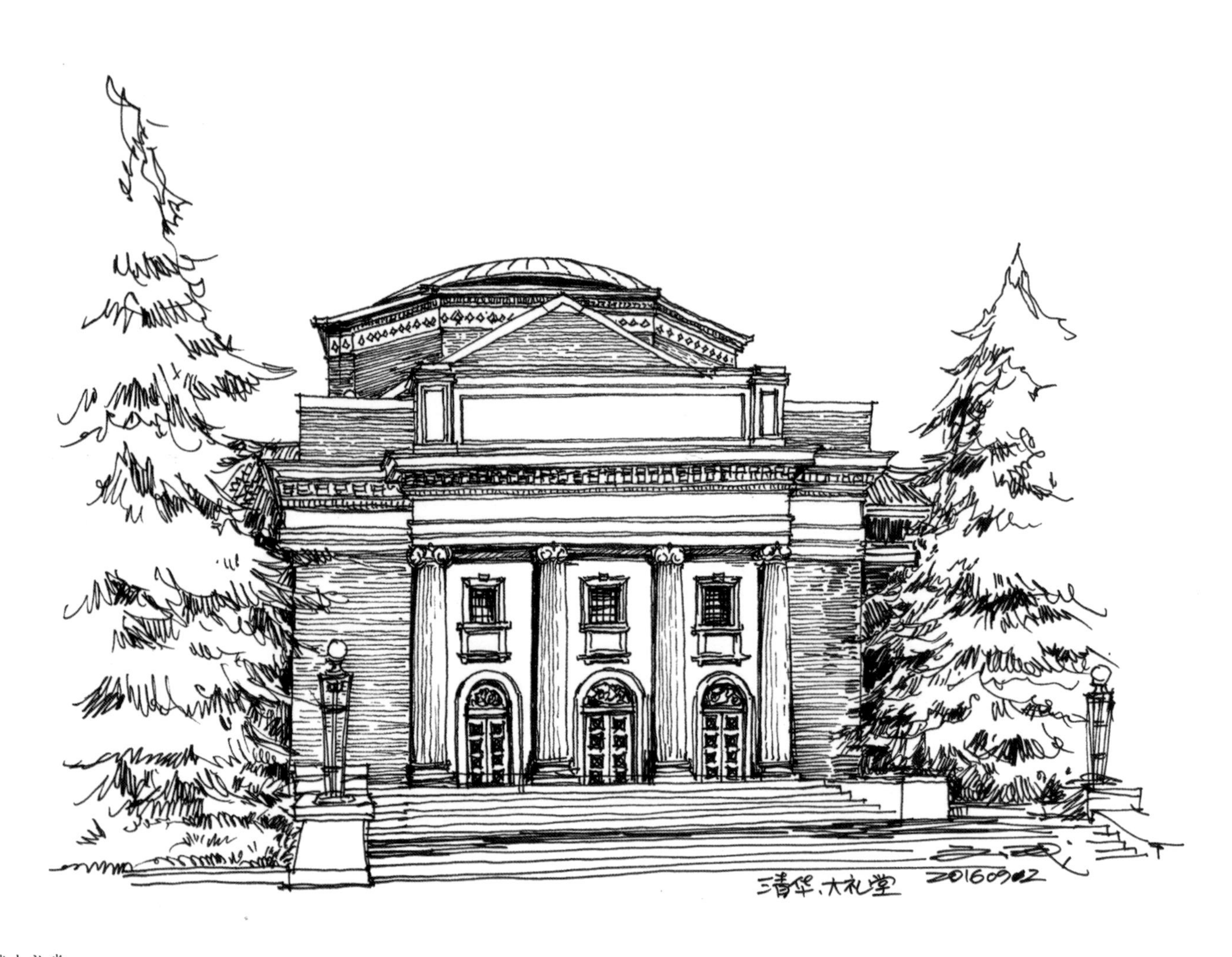

清华大礼堂

清华胜因院专家楼

清华生物学馆

建于 1954 年，为西方古典建筑样式红砖建筑。

清华第二教学楼

母女与小狗
2015.2. Nepal

后记

Postscript

近几个月来，一直在整理这十年间的三百多张旅行图画，从 2008 年初次访问巴黎国际艺术城，沿着塞纳河行走开始，至 2017 年 7 月走出清华园结束访学时已十年。之间穿行在尼泊尔的东西南北，登上青藏高原的古老寺庙、走过云贵川崎岖地带和古镇村落，礼拜过四大佛窟、登过陕西的大唐城墙、进过山西的家族大院、走访过江南的私家园林与古镇水乡，还东渡日本、韩国，跨洋远渡美利坚直至最南端的小岛……

无论是迷人的巴黎街巷、粉墙黛瓦的江南民居，还是巍峨迤逦的布达拉宫、惊艳绝伦的悬空古寺，抑或古老沧桑的尼泊尔神庙，画笔一直伴随着我从未离开，一路刻绘着漫长旅程中我的所观所想，有画在大大小小笔记本中的，有画在卡纸上的，有画在明信片上的，有画在信封上的，有画在餐巾纸上的，亦有画在手提袋上的……

看着有些发黄、有些褶皱的这些图画日记，当时的场景历历在目、清晰可见 ，很多回忆也随之涌上心头，一时间竟忘却了身在何处，仿佛穿越回到了画面里……

女儿今年整 10 岁，她在妈妈腹中就跟随我们一起穿行在巴黎的街头巷尾，无论是高原峡谷还是茶马古道，一路陪伴从未间断，是她们的支持与鼓励，才让我一直坚持、不断成长，谨以此书献给我最亲爱的妻子与最可爱的女儿。

彩色作品索引

029
030~031
033
035
037
039
040~041
043
045
046
048
049
050
051
052
053
054
055
062
063

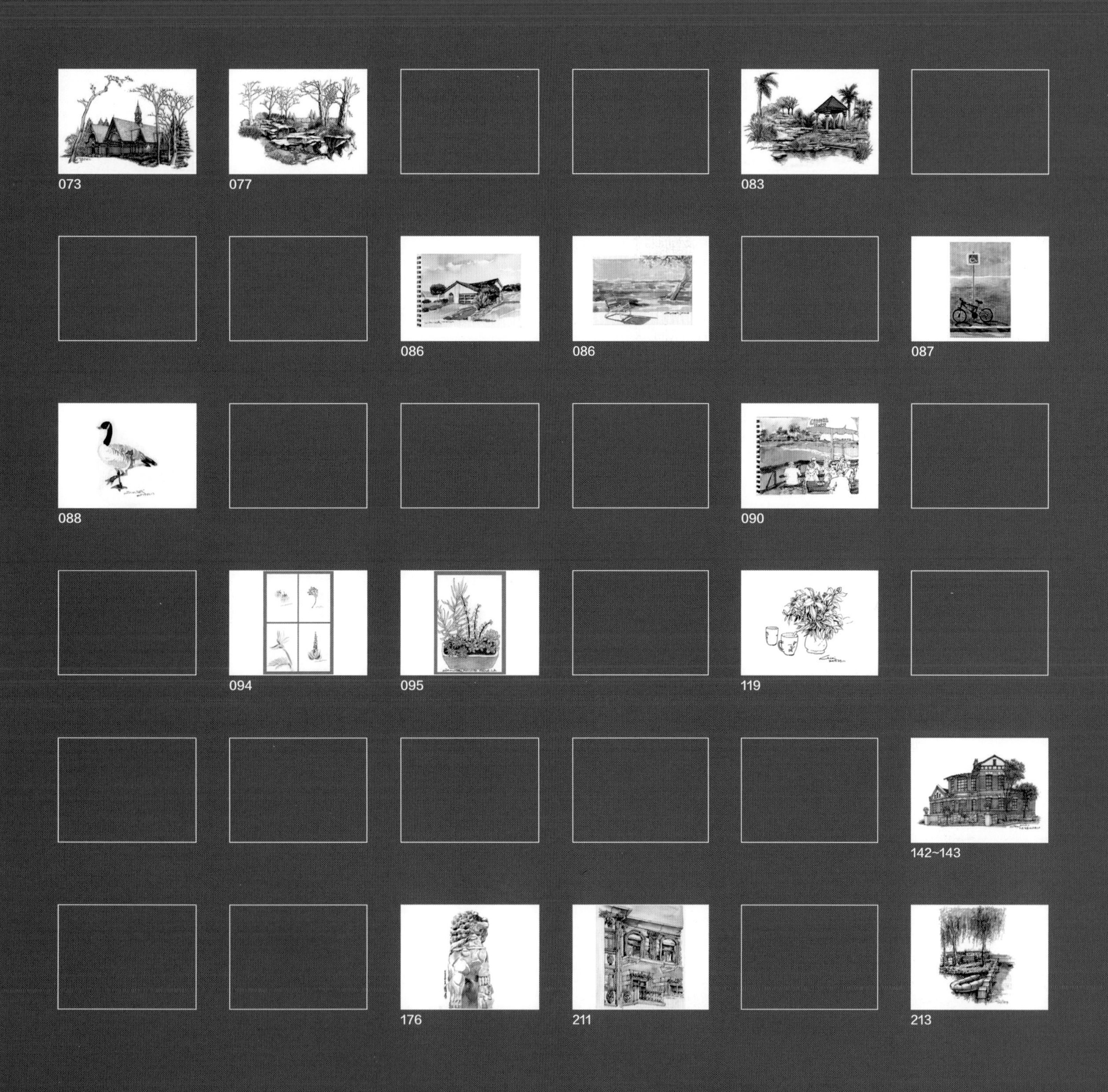

073
077
083
086
086
087
088
090
094
095
119
142~143
176
211
213

作者在海拔4500米的青藏高原上写生

图书在版编目（C I P）数据

从塞纳河到清华园 : 钢笔线描旅行手记 / 刘威著、绘. -- 北京 : 人民邮电出版社, 2019.5
ISBN 978-7-115-50283-4

Ⅰ. ①从… Ⅱ. ①刘… Ⅲ. ①建筑画－速写－作品集－中国－现代 Ⅳ. ①TU204.132

中国版本图书馆CIP数据核字(2018)第276511号

内 容 提 要

作为一名设计师，本书作者刘威早已养成了在旅途中边走边画的习惯，他将一路的所见、所闻、所感都借助线条细细勾勒并在画纸上慢慢延展开来，最终在此集结成书，呈现在读者面前。

本书共分 8 部分。作者首先介绍了线描画中的点、线、面等基础知识，然后分 7 篇展示了在旅途中绘制的线描作品。从塞纳河畔的教堂、旧金山的艺术宫、尼泊尔的神庙，到江南水乡的楼阁、中国古建筑的脊兽和瑞兽、沈阳的老房子、清华园的经典建筑，作者一路走来，一路描绘，从未停笔。欣赏这些作品时，仿佛正在跟随作者经历一场去往世界各地的旅行，领略不同的风土人情，感受作者的生活态度。

本书适合环境设计师、美术院校师生、手绘爱好者、旅游爱好者阅读。

◆ 著／绘 刘 威
责任编辑 董雪南
责任印制 陈 犇

◆ 人民邮电出版社出版发行 北京市丰台区成寿寺路 11 号
邮编 100164 电子邮件 315@ptpress.com.cn
网址 http://www.ptpress.com.cn
天津图文方嘉印刷有限公司印刷

◆ 开本：690×970 1/12
印张：19 2019 年 5 月第 1 版
字数：523 千字 2019 年 5 月天津第 1 次印刷

定价：98.00 元

读者服务热线：(010)81055296 印装质量热线：(010)81055316
反盗版热线：(010)81055315
广告经营许可证：京东工商广登字 20170147 号